高职高专工程造价专业系列教材

建筑装饰工程预算

（第二版）

邱晓慧　主编

中国建材工业出版社

图书在版编目（CIP）数据

建筑装饰工程预算：第2版/邱晓慧主编.—北京：
中国建材工业出版社，2013.8（2022.8重印）
高职高专工程造价专业系列教材
ISBN 978-7-5160-0518-7

Ⅰ.①建… Ⅱ.①邱… Ⅲ.①建筑装饰-建筑预算
定额-高等职业教育-教材　Ⅳ.①TU723.3

中国版本图书馆 CIP 数据核字（2013）第 174065 号

内 容 简 介

本书主要依据《建设工程工程量清单计价规范》（GB 50500—2013）、《房屋建筑与装饰工程工程量计算规范》（GB 50854—2013）、《全国统一建筑装饰装修工程消耗量定额》（GYD—901—2002）、《全国统一建筑工程预算工程量计算规则》（土建工程）（GJDGZ—101—95）、《全国统一建筑工程基础定额》（GJD—101—95）、《高等职业教育工程造价专业教育标准和培养方案及主干课程教学大纲》而编写。内容包括绪论、建筑装饰工程预算定额、建筑装饰定额工程量计算、建筑装饰工程清单工程量计算、建筑装饰工程费用、建筑装饰工程预算的编制与审查、建筑装饰工程结算。

本书在阐述基本理论的同时，注重突出建筑装饰工程预算方法的实际应用以及工程造价执业能力的培养，并通过具体的工程实例演算，使读者更好地理解预算知识。

本书可作为高职高专工程造价专业及其他相关专业的教材，也可作为工程造价人员和从事建筑装饰工程预算的技术人员的参考书。

建筑装饰工程预算（第二版）

邱晓慧　主编

出版发行：中国建材工业出版社
地　　址：北京市海淀区三里河路 11 号
邮　　编：100831
经　　销：全国各地新华书店
印　　刷：北京雁林吉兆印刷有限公司
开　　本：787mm×1092mm　1/16
印　　张：14.5
字　　数：356 千字
版　　次：2013 年 8 月第 2 版
印　　次：2022 年 8 月第 6 次
定　　价：34.00 元

本社网址：www.jccbs.com.cn　　微信公众号：zgjcgycbs
本书如出现印装质量问题，由我社发行部负责调换。联系电话：(010)57811387

前　言

　　建筑装饰业是集文化、艺术和技术于一体的综合性行业，它是基本建设中的重要组成部分。建筑装饰所涉及的主要是建筑工程中可接触到或可见到的部位。合理准确地确定建筑装饰工程预算，对深化建筑业发展，搞好基本建设规划和投资管理有重要的影响。与此同时，为了适应我国加入世界贸易组织（WTO）后与国际惯例接轨的需要，制定切合我国工程造价改革实际的教学方案、推出全新的课程体系是当前高等职业教育工程造价专业发展的客观要求。

　　本书依据《高等职业教育工程造价专业教育标准和培养方案及主干课程教学大纲》的要求，以现行的新规范为基础，内容新颖，实用性强，如在介绍建筑装饰工程量计算时，辅以大量的实际应用实例，使读者能够轻松地掌握理论知识；同时本书打破传统教材格式，在计算实例中，也应用了工程量清单计价的计算，以适应清单计价模式的发展；在体例的编写上设置重点提示、正文、上岗工作要点、习题四部分，各部分主要特点如下：

　　1. 重点提示——参照教学大纲要求，主要说明要求学生熟练掌握的部分。

　　2. 正文——按照教学大纲要求和学时要求编写，在理论叙述方面以"必需、够用"为度，专业知识的编写以最新颁布的国家和行业标准、规范为依据。

　　3. 上岗工作要点——参照专业技术人员岗位要求，重点说明在工作中应知必会需熟练掌握的部分。

　　4. 习题——精选典型习题，辅以练习。

　　本书编写人员在了解工程造价人员应具备的理论知识、基本技能和执业能力等基础上，以培养职业技能型人才为目标，认真分析、仔细研究后编写了本书，希望本书的面世，对广大师生有所帮助。

　　由于我国工程造价的理论与实践正处于发展时期，新的内容还会不断出现，加之编者知识水平有限，虽然在编写过程中反复推敲核实，但仍不免有疏漏之处，恳请广大读者热心指点，以便作进一步修改和完善。

编　者

目　　录

第1章 绪 论

重 点 提 示

1. 了解建筑装饰工程的概念、作用、内容及分类。
2. 熟悉建筑装饰工程项目的划分。
3. 熟悉建筑装饰工程预算的作用与分类。

1.1 建筑装饰工程及分类

1.1.1 建筑装饰工程

1.1.1.1 建筑装饰工程的概念

建筑装饰工程，是指在工程技术与建筑艺术综合创作的基础上，对建筑物或构筑物的局部或全部进行修饰、装饰、点缀的一种再创作的艺术活动。建筑装饰主要是为了满足人的视觉要求而对建筑物进行的艺术加工，如在建筑物内外加设的雕塑、绘画以及室内家具、器具等的陈设布置等。

1.1.1.2 建筑装饰工程的作用

（1）具有丰富建筑设计和体现建筑艺术表现力的功能。

（2）具有保护房屋建筑不受风、雨、雪、雹以及大气的直接侵蚀，延长建筑物寿命的功能。

（3）具有改善居住和生活条件的功能。

（4）具有美化城市环境，展示城市艺术魅力的功能。

（5）具有促进物质文明与精神文明建设的功能。

（6）具有弘扬祖国建筑文化和促进中西方建筑艺术交流的功能。

1.1.1.3 建筑装饰工程的内容

房屋建筑装饰工程的内容，就装饰的范围而言，可分为室内建筑装饰，室内设备、设施装饰和室外建筑结构与环境装饰三大部分。现将各部分装饰内容分述如下：

1. 室内建筑装饰

按其不同结构部位和内容（或称分部分项），可划分为室内墙柱面工程、楼地面工程、天棚工程、门窗工程、木装饰工程、油漆涂料裱糊工程和其他室内工程等的装饰。

（1）室内墙柱面装饰

室内墙柱面装饰通常指墙、柱体（包括间壁墙、隔墙、隔断墙）结构施工完成后，在其表面上所进行的各种不同材料的装饰。它包括传统装饰中的一般抹灰、装饰抹灰（例如内墙拉条、拉毛、喷涂等）、镶贴块料面层（例如大理石板、花岗石板、汉白玉板、瓷板等）和现代装饰面装饰（例如玻璃幕墙、镭射玻璃饰面、镜面玻璃饰面等）。

（2）室内楼地面装饰

室内楼地面装饰通常是指室内地面或楼面结构施工完成后，在其面层上所进行的各种不同材料的装饰装修。它包括传统装修中的一般水泥砂浆整体面层、块料面层（例如大理石、花岗石、汉白玉板、缸砖、水泥地砖、陶瓷锦砖等）和现代楼地面装饰（例如地板革、地板块、木地板、地毯、橡胶板、玻璃钢、镭射玻璃、陶瓷砖、假麻石块等）。

（3）室内天棚装饰

室内天棚装饰通常是指屋架或屋面梁结构施工完成后，在其结构上所进行的各种不同材料的装饰。它包括传统装饰中的一般室内混凝土屋面板抹灰、喷浆、秫秸龙骨吊顶裱糊白纸、木龙骨吊顶麻刀青灰天棚及现代木、轻钢、铝合金龙骨吊顶的喷涂、石膏板、吸声板、夹丝玻璃、中空采光玻璃等天棚装饰。

（4）室内门窗装饰

室内门窗装饰通常是指木、钢、铝合金、塑料、彩板、玻璃等材料的装饰装修。它包括制作、安装在室内的各类入室（户）门、浴厕门、隔门、阳台门、纱门；各类室内前窗、后窗、隔墙窗、侧窗、采光窗、百叶窗、纱窗、窗台板；各类室内窗帘盒（箱）、窗帘、浴帘；各类室内门锁及门、窗五金等的装饰。

（5）室内木装饰

室内木装饰通常是指以各种硬木（如樟木、楠木、水曲柳等）、软木（如白松）、胶合板、木纹皮（纸）等木材的装饰，包括制作、安装在室内的室内墙、柱、梁面（如墙裙、踢脚、挂镜线等）、地面、天棚、隔断、壁橱、阁楼以及其他（如阳台护板、窗台、扶手、压条、装饰条、家具、陈设）等的装饰。

（6）室内涂装、涂料装饰

涂料、辅料可统称涂料。涂料品种繁多，用途广泛。通常是指将黏性液体或粉状涂料，经配比调制成的各种浆料或水质与油质涂料，用于木材、金属、水泥、混凝土、纸、塑料等制品表层上的装饰。涂料涂施于物体表层上不仅是一种工程装饰材料，而且还具有防腐、防锈、防潮等保护功能。

（7）室内其他建筑装饰

室内其他建筑装饰通常是指与上述室内建筑装饰有关的其他部位（如壁柜、挂柜、墙面油饰彩画、零星裱糊等）的室内装饰。

2. 室内设备、设施装饰

以民用建筑为例，通常是指工作、学习与生活上所需要的各种设备、设施上的装饰装修。它包括暖气设备、给排水与卫生设备、电气与照明设备、煤气设备和其他设备装饰。

（1）暖气设备装饰

暖气设备通常是指供人们采暖用设备的装饰。它包括暖气管、阀门和各种暖气加罩（如刮板式、平墙式、明式和半凹半凸式等）的装饰。

（2）给排水与卫生设备装饰

给排水与卫生设备装饰通常是指供人们用水与污水排放和浴厕器具的装饰。它包括给水管与排水管、分户水表、阀门以及面盆、便器、浴缸等的装饰。

（3）电气与照明设备装饰

电气与照明设备装饰通常是指供电、电气器具与设备的装饰。它包括电气设备（如电灯、电话、电热水器等）明线暗敷、电气开关、各种灯具等的装饰。

（4）煤气设备装饰

煤气设备装饰通常是指供生产与生活用的燃煤、燃油器具的装饰。它包括煤气发生器、灶具、管路、煤气表、阀门及煤气热水器等的装饰。

（5）其他设备装饰

其他设备装饰是指与上述设备装饰有关的其他设备用具（如电加热器、取暖器、烤箱、消毒器等）的装饰。

需要强调的是，凡属室内设备的装饰装修，特别是家庭装饰时，必须注意室内暖气、卫生、电气和煤气等设备及管路的安全和使用功能要求，装饰时只能作外观处理并要符合有关方面的规定和要求。

3. 室外建筑结构与环境装饰

按房屋建筑用途、结构，对房屋室外建筑结构部位进行装饰装修及其周围环境美化、绿化，是现代建筑装饰工程不可忽视的重要组成部分。它可划分为室外建筑结构装饰和室外环境装饰两部分。

（1）室外建筑结构装饰

通常是指建筑物与构筑物自身的外部装饰。若按其不同结构部位和内容（或称分部分项），也可划分为室外墙、柱、廊面工程，屋面工程，散水与甬道工程，门窗工程，涂装涂料工程和其他室外工程等。

1）室外墙、柱、廊面装饰，通常是指外墙、柱及附属工程（例如外廊）结构施工完成后，在其面层上所进行的各种不同材料的装饰。它包括一般外墙、柱、廊勾缝（清水墙）；外墙、柱、廊贴各种面砖（例如陶瓷、大理石等），拉毛、水刷石、剁斧石等混水墙、柱；须弥座、台基、女儿墙等的装饰。

2）屋面装饰，通常是指室外屋顶的面层装饰。它包括各种屋面瓦、屋檐、飞檐屋脊及各种铁皮、塑料、橡胶等屋面材料的装饰。

3）散水、甬道装饰，通常是指勒脚以外地面的装饰。它包括各种材料（如卵石、素混凝土、砖等）的散水、通往庭院和室内的通路等的装饰。

4）门窗装饰，通常是指室外门窗的装饰。它包括室外防盗门（安全门）、防火门、太平门、月亮门和外墙窗及窗套、漏窗（花窗）、百叶窗、屋面以上的老虎窗、天窗、气窗等的装饰。

5）涂装涂料装饰，通常是指室外各结构部位的装饰。它包括室外墙、柱、廊、屋面、门窗及其他零散部位的装饰。

6）其他室外装饰，通常是指上述室外结构装饰以外的其他零星装饰。它包括店铺门面招牌、楼牌、压条、装饰条、美术字等的装饰。

（2）室外环境装饰

是为形成与室内装饰相和谐的优美、清新的室外环境，对庭院、居住与生活小区的装饰，主要是指室外居住环境和城市、村镇生活环境的美化、绿化。它包括各种围墙、院门和街心公园、房屋之间的各种花草绿地、树木、灯饰、水榭、亭阁、小溪、小桥、假山、雕塑小品等的修饰、装点和点缀。

1.1.1.4 建筑装饰工程等级与标准

1. 建筑等级

房屋建筑等级，通常按建筑物的使用性质和耐久性等可划分为一级、二级、三级和四级，见表1-1。

表 1-1 建 筑 等 级

建筑等级	建 筑 物 性 质	耐久性
一级	有代表性、纪念性、历史性建筑物，如国家大会堂、博物馆、纪念馆建筑	100 年以上
二级	重要公共建筑物，如国宾馆、国际航空港、城市火车站、大型体育馆、大剧院、图书馆建筑	50 年以上
三级	较重要的公共建筑和高级住宅，如外交公寓、高级住宅、高级商业服务建筑、医疗建筑、高等院校建筑	40～50 年
四级	普通建筑物，如居住建筑，交通、文化建筑等	15～40 年

2. 建筑装饰等级

一般来讲，建筑物的等级越高，装饰标准也就越高。故根据房屋的使用性质和耐久性要求来确定的建筑等级，应作为确定建筑装饰标准的参考依据。建筑装饰等级的划分是按照建筑等级并结合我国的国情，按不同类型的建筑物来确定的，见表1-2。

表 1-2 建筑装饰等级

建筑装饰等级	建 筑 物 类 型
高级装饰	大型博览建筑，大型剧院，纪念性建筑，大型邮电、交通建筑，大型贸易建筑，大型体育馆，高级宾馆，高级住宅
中级装饰	广播通信建筑，医疗建筑，商业建筑，普通博览建筑，邮电、交通、体育建筑，旅馆建筑，高教建筑，科研建筑
普通装饰	居住建筑，生活服务性建筑，普通行政办公楼，中、小学建筑

3. 建筑装饰标准

根据不同建筑装饰等级的建筑物各个部位使用的材料和做法，按照不同类型的建筑来区分装饰标准，见表1-3～表1-5。

表 1-3 高级装饰建筑的内、外装饰标准

装饰部位	内装饰材料及做法	外装饰材料及做法
墙 面	大理石、各种面砖、塑料墙纸（布）、织物墙面、木墙裙、喷涂高级涂料	天然石材（花岗石）、饰面砖、装饰混凝土、高级涂料、玻璃幕墙
楼地面	彩色水磨石、天然石料或人造石板（如大理石）、木地板、塑料地板、地毯	
顶 棚	铝合金装饰板、塑料装饰板、装饰吸声板、塑料墙纸（布）、玻璃天棚、喷涂高级涂料	外廊、雨篷底部，参照内装饰
门 窗	铝合金门窗、一级木材门窗、高级五金配件、窗帘盒、窗台板、喷涂高级油漆	各种颜色玻璃铝合金门窗、钢窗、遮阳板、卷帘门窗、光电感应门
设 施	各种花饰、灯具、空调、自动扶梯、高档卫生设备	

表 1-4　中级装饰建筑的内、外装饰标准

装饰部位		内装饰材料及做法	外装饰材料及做法
墙　面		装饰抹灰、内墙涂料	各种面砖、外墙涂料、局部天然石材
楼地面		彩色水磨石、大理石、地毯、各种塑料地板	
顶　棚		胶合板、钙塑板、吸声板、各种涂料	外廊、雨篷底部，参照内装饰
门　窗		窗帘盒	普通钢、木门窗、主要入口铝合金门
卫生间	墙　面	水泥砂浆、瓷砖内墙裙	
	地　面	水磨石、马赛克	
	顶　棚	混合砂浆、纸筋灰浆、涂料	
	门　窗	普通钢、木门窗	

表 1-5　普通装饰建筑的内、外装饰标准

装饰部位	内装饰材料及做法	外装饰材料及做法
墙　面	混合砂浆、纸筋灰、石灰浆、大白浆、内墙涂料、局部油漆墙裙	水刷石、干粘石、外墙涂料、局部面砖
楼地面	水泥砂浆、细石混凝土、局部水磨石	
顶　棚	直接抹水泥砂浆、水泥石灰浆、纸筋石灰浆或喷浆	外廊、雨篷底部，参照内装饰
门　窗	普通钢、木门窗，铁质五金配件	

1.1.2　建筑装饰工程的分类

1.1.2.1　按装饰部位分类

如前所述，按装饰部位的不同，可分为室内装饰（或内部装饰）、室外装饰（或外部装饰）和环境装饰等。

1.1.2.2　按装饰时间分类

1. 前期装饰

前期装饰也称前装饰，是指建筑物的工程结构施工完成后，按照建筑设计装饰施工图所进行的室内、外装饰施工，例如内墙面抹灰，喷刷涂料，贴墙纸，外墙面水刷石、贴面砖等。也可以称为一般装饰、普通装饰、传统装修或粗装修。

2. 后期装饰

后期装饰是指原房屋的一般装饰已完工或尚未完工的情况下，依据用户的某种使用要求，对建筑物或者构筑物的局部或全部所进行的内外装饰工程。目前社会上泛称的装饰工程，多数是指后期装饰，也有人称之为高级装饰工程或现代装饰工程。

1.2　建筑装饰工程项目的划分

建设项目是一个有机整体，为什么要进行项目划分呢？一是有利于对项目进行科学管理，包括投资管理、项目实施管理和技术管理；二是有利于经济核算，便于编制工程概预算。我们知道，想要直接计算出整个项目的总投资（造价）是很难的，为了算出工程造价必须先把项目分解成若干个简单的、易于计算的基本构成部分，再计算出每个基本构成部分所需要的工、料、机械台班消耗量和相应的价值，则整个工程的造价即为各组成部分费用的总和。所以，将建设项目由大到小划分为建设项目、单项工程、单位工程、分部工程和分项工

程五个组成部分,它们之间的关系如图1-1所示。

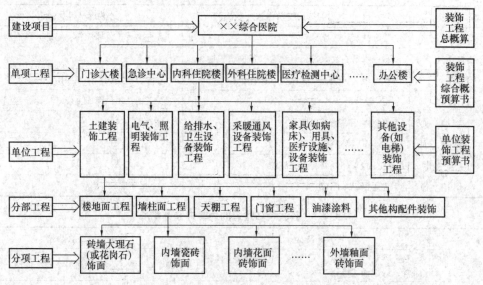

图1-1 建设项目划分系统图

1.2.1 建设项目

建设项目亦称投资项目、建设单位,一般是指具有经批准按照一个设计任务书的范围进行施工,经济上实行统一核算,行政上具有独立组织形式的建设工程实体。建设项目一般来说由几个或若干个单项工程所构成,也可以是一个独立工程。在民用建设中,一所学校,一所医院,一所宾馆,一个机关单位等作为一个建设项目;在工业建设中,一个企业(工厂)、矿山(井)作为一个建设项目;在交通运输建设中,一条公路,一条铁路作为一个建设项目。

1.2.2 单项工程

单项工程可称为工程项目、单体项目,是建设项目的组成部分。单项工程具有独立的设计文件,单独编制综合预算,能够单独施工,建成后可以独立发挥生产能力或使用效益的工程。如一个学校建设中的各幢教学楼、学生宿舍、食堂、图书馆等。图1-1中的门诊大楼、内科住院楼、外科住院楼等都是单项工程。

1.2.3 单位工程

单位工程是单项工程的组成部分,具有单独设计的施工图纸和单独编制的施工图预算,可以独立组织施工,但是建成后不能单独进行生产或发挥效益的工程。通常,单项工程要根据其各个组成部分的性质不同分为若干个单位工程。例如,工厂(企业)的一个车间是单项工程,而车间厂房的土建工程、设备安装工程是单位工程;一幢办公楼的一般土建工程、建筑装饰工程、给水排水工程、采暖通风工程、煤气管道工程、电气照明工程均为一个单位工程。

需要说明的是,按传统的划分方法,装饰装修工程是建筑工程中一般土建工程的一个分部工程。随着经济发展和人们生活水平的普遍提高,工作、居住条件和环境正日益改善,建筑装饰业已经发展成为一个新兴的、比较独立的行业,传统的分部工程便随之独立出来,成为单位工程,单独设计施工图纸,单独编制施工图预算,目前,已将原来意义上的装饰分部工程统称为建筑装饰装修工程或简称为装饰工程（单位工程）。

1.2.4　分部工程

分部工程是单位工程的组成部分，一般是按单位工程的各个部位、主要结构、使用材料或施工方法等的不同而划分的工程。例如土建单位工程可以划分为：土石方工程；桩基工程；砌筑工程；混凝土及钢筋混凝土工程；构件运输和安装工程；门窗及木结构工程；楼地面工程；屋面及防水工程；防腐、保温、隔热工程；装饰工程；金属结构制作工程；脚手架工程等。建筑装饰单位工程分为：楼地面工程，墙柱面工程，天棚工程，门窗工程，油漆、涂料工程，脚手架及其他工程等分部工程（图1-1）。

1.2.5　分项工程

分项工程是分部工程的组成部分，它是建筑安装工程的基本构成因素，通过较为简单的施工过程就能完成，且可以用适当的计量单位加以计算的建筑安装工程产品。如墙柱面装饰工程中的内墙面贴瓷砖、内墙面贴花面砖、外墙面贴釉面砖等均为分项工程（图1-1）。

分项工程是单项工程（或工程项目）中的最基本的构成要素，它是为便于计算工程量和确定其单位工程价值而人为设想出来的"假定产品"，这种假想产品对编制工程预算、招标标底、投标报价，以及编制施工作业计划进行工料分析和经济核算等方面都具有实用价值。企业定额和消耗量定额都是按分项工程甚至更小的子项进行列项编制的，建设项目的预算文件（包括装饰项目预算）的编制也是从分项工程（常称定额子目或子项）开始，由小到大，分门别类地逐项计算归并为分部工程，再将各个分部工程汇总为单位工程预算或单项工程总预算。

1.3　建筑装饰工程预算的作用与分类

1.3.1　建筑装饰工程预算的概念

建筑装饰工程预算，就是指在执行基本建设程序过程中，根据不同设计阶段的装饰工程设计文件的内容和国家规定的装饰工程定额，各项费用的取费率标准及装饰材料预算价格等资料，预先计算和确定每项新建或改建装饰工程所需要的全部投资额的经济文件。建筑装饰工程按不同的建设阶段和不同的作用，编制设计概算、施工图预算（预算造价）、施工预算和工程决（结）算。在实际工作中，人们常将装饰工程设计概算和施工图预算统称为建筑装饰工程预算或装饰工程（概）预算。

1.3.2　建筑装饰工程预算的作用

1. 确定建筑装饰工程造价的重要文件

装饰工程（概）预算的编制，是根据装饰工程设计图纸和有关（概）预算定额等正规文件进行认真计算后，经过有关单位审批确认后的具有一定法令效力的文件，它所计算的总价值包括工程施工中所有费用，是被有关各方面共同认可的工程造价，一般情况下均可遵照执行。它同装饰工程的设计图纸和有关批文一起，构成一个建设项目或单（项）位工程的工程执行文件。

2. 选择和评价装饰工程设计方案的衡量标准

各类装饰工程的设计标准、构造形式、工艺要求和材料类别等的不同，都会如实地反映到装饰工程（概）预算上来，所以，我们可以通过装饰工程（概）预算中的各项指标，对不同的设计方案进行分析比较和反复论证，从中选择艺术上美观、功能上适用、经济上合理的设计方案。

3. 控制工程投资和办理工程款项的主要依据

经过审批的装饰工程（概）预算是投资金额的遵循准则，同时也是办理工程拨款、贷款、预支和结算的依据，如果没有这项依据，执行单位有权拒绝办理任何工程款项。

4. 签订工程承包合同、确定招标标底和投标报价的基础

装饰工程（概）预算一般都包含了整个工程的施工内容，具体的实施要求都以合同条款的形式加以明确以备核查；而对招标投标工程的标底和报价，也是在装饰工程（概）预算的基础上，依具体情况进行适当调整而确定的。所以，没有一个完整的（概）预算书，就很难具体订立合同的实施条款和招标投标工程的标价价格。

5. 做好工程各阶段的备工备料和计划安排的主要依据

业主对工程费用的筹备计划、承包商对工程的用工安排和材料准备计划等，都是以（概）预算所提供的数据为依据进行安排的。所以，编制（概）预算的正确与否，都将直接影响到准备工作安排的好坏程度。

1.3.3 建筑装饰工程预算的分类

1.3.3.1 按工程建设阶段分类

按照基本建设阶段和编制依据的不同，装饰工程投资文件可分为工程估算、设计概算、施工图预算、施工预算和竣工决算五种情况。

1. 工程估算

工程估算是指根据设计任务书规划的工程规模，依照概算指标所确定的工程投资额、主要材料总数等经济指标。它是设计（计划）任务书主要的内容之一，也是审批项目（立项）的主要依据之一。

2. 设计概算

设计概算是指在初步设计或扩大初步设计阶段，由设计单位以投资估算为目标，预先计算建设项目由筹建至竣工验收、交付使用的全部建设费用的经济文件，它是根据初步设计图纸，概算定额（或概算指标），设备预算价格，各项费用定额或取费标准和建设地点的自然、技术经济条件等资料编制的。

设计概算是国家确定和控制建设项目总投资以及编制基本建设计划的依据，每个建设项目只有在初步设计和概算文件被批准之后，才能列入基本建设计划，才能开始进行施工图设计。同时，设计概算也是确定工程投资最高限额和分期拨款的依据。设计概算文件应包括建设项目总概算、单项工程概算和其他工程的费用概算。

3. 施工图预算

施工图预算是指设计工作完成并经过图纸会审之后，承包商在开工前预先计算和确定单项工程或单位工程全部建设费用的经济文件。它是根据施工图纸、施工组织设计（或施工方案）、现行预算定额、各项费用定额（或取费标准）、建设地区的自然及技术经济条件等资料编制成的。

施工图预算是确定建筑安装工程预算造价的具体文件，是签订建筑安装工程施工合同、实行工程预算包干、拨付工程款、安排施工计划和进行竣工结算的依据，是承包商加强经营管理、搞好企业内部经济核算的重要依据与工程施工阶段的法定经济文件。其内容包括单位工程总预算、分部和分项工程预算、其他项目的费用预算三部分。

4. 施工预算

施工预算是承包商以施工图预算（或承包合同价）为目标确定的拟建单位工程（或分部、分项工程）所需的人工、材料、机械台班消耗量及其相应费用的技术经济文件。它是根据施工图计算的分项工程量、施工定额（或企业内部消耗定额）、单位工程施工组织设计或施工方案和施工现场条件等，通过资料分析、计算而编制的。它是承包商内部编制的一种预算形式。

施工预算是签发施工任务单、限额领料、开展定额经济包干、实行按劳分配的依据，也是承包商开展经济活动分析和进行施工预算与施工图预算的对比依据。

施工预算的主要内容包括工料分析、构件加工、材料消耗量和机械台班等分析计算资料，适用于劳动力组织、材料储备、加工订货、机具安排、成本核算、施工调度、作业计划、下达任务、经济包干和限额领料等管理工作。

5. 竣工决算

竣工决算可以分为施工企业内部单位工程的成本决算和业主拟定决策对象的竣工决算，承包商的单位工程成本决算，是以工程结算为依据编制的从施工准备到竣工验收后的全部施工费用的技术经济文件，用于分析该工程施工的最终实际效益。建设项目的竣工决算，是当所建项目全部完工并经过验收后，由业主编制的从项目筹建到竣工验收、交付使用全过程中实际支付的全部建设费用的经济文件，它的作用主要是反映建设工程实际投资额及其投资效果，是作为核定新增固定资产和流动资金价值、国家或主管部门验收小组验收交付使用的重要财务成本依据，是考核装饰工程（概）预算完成额和执行情况的最终依据。

1.3.3.2 按工程对象分类

1. 单位工程（概）预算

单位工程（概）预算是以单位工程为编制对象编制的工程建设费用的技术经济文件，称为单位工程设计（概）预算，或单位工程施工图预算（也可简称为工程预算）。

2. 工程建设费用（概）预算

工程建设费用（概）预算是指以建设项目为对象，根据有关规定应在建设投资中支付的各种费用的经济文件。

3. 单项工程综合（概）预算

单项工程综合（概）预算是确定单项工程建设费用的综合经济文件。它是由该建设项目的各单位工程（概）预算汇编而成的。当建设项目只是一个单项工程，则不需编制设计总概算，工程建设费用（概）预算列入单项工程综合（概）预算中，以反映该项工程的全部费用。

4. 建设项目总概算

建设项目总概算与设计总概算（或设计概算）相同，是建设项目中各项单位工程概算汇总及设备费用、预备费的总价值。

上岗工作要点

1. 了解建筑装饰工程的基本知识。
2. 了解建筑装饰工程预算的基本知识。

思 考 题

1-1 什么是建筑装饰工程预算?

1-2 建筑装饰工程预算的作用是什么?

1-3 建筑装饰工程有哪些分类?

1-4 建筑装饰工程预算有哪些分类?

1-5 建设项目、单项工程、单位工程、分部工程和分项工程之间存在怎样的关系?

第2章 建筑装饰工程预算定额

重 点 提 示

1. 了解建筑装饰工程预算定额的概念、特点、作用及分类。
2. 了解建筑装饰工程预算定额的编制原则、方法及步骤。
3. 掌握建筑装饰工程预算定额的应用。

2.1 建筑装饰工程预算定额概述

2.1.1 建筑装饰工程预算定额的概念

装饰工程预算定额是建筑工程预算定额的组成部分，是完成规定计量单位的装饰分项工程计价的人工、材料和机械台班消耗量的标准，它是随着我国经济建设和装饰装修行业的发展而逐步形成的。要正确应用预算定额，必须全面了解预算定额的组成。

装饰工程预算定额由定额目录、总说明、分部分项工程说明及其相应的工程量计算规则和方法、分项工程定额项目表及有关的附录或附表等组成。

2.1.2 建筑装饰工程预算定额的特点

1. 科学性

建筑装饰工程定额是装饰工程进入科学管理阶段的产物，其科学性，首先表现在用科学的态度制定定额，尊重客观实际，定额水平合理；其次表现在制定定额的技术方法上，利用现代科学管理的成就，形成一套系统的、完整的、在实践中行之有效的方法；最后表现在定额制定和贯彻一体化，即制定是为了提供贯彻的依据，贯彻是为了实现管理的目标，也是对定额的信息反馈。

2. 指导性

随着我国建设市场的不断成熟和规范，建筑装饰工程定额尤其是统一定额原具备的法令性特点逐渐弱化，转而成为对整个建筑装饰市场和具体装饰装修产品交易的指导作用。

建筑装饰工程定额的指导性的客观基础是定额的科学性，只有科学的定额才能正确地指导客观的交易行为。它的指导性体现在两个方面：一方面，建筑装饰工程定额作为国家各地区和行业颁布的指导性依据，可以规范装饰市场的交易行为，在具体的装饰产品定价过程中也可以起到相应的参考性作用，同时统一定额还可作为政府投资项目定价以及造价控制的重要依据；另一方面，在现行的工程量清单计价方式下，承包商报价的主要依据是企业的定额，但企业定额的编制和完善仍然离不开统一定额的指导。

3. 统一性和时效性

建筑装饰工程定额的统一性和时效性，主要通过国家对装饰工程定额的管理上面来体

11

现。市场经济条件下的装饰定额，只有统一尺度，才能利用定额对项目装饰决策、装饰设计和装饰工程招标、投标进行比较及引导。

另外，它的统一性还表现在既要有全国统一的装饰定额，也应有地区统一和部门统一的装饰定额。这是市场经济规律对各具特色的装饰工程的客观要求。

4. 群众性

建筑装饰工程定额的制定和执行，具有广泛的群众基础。定额的水平是装饰行业群众生产技术水平的综合反映；定额的编制，是在职工群众直接参与下进行的，使得定额既能从实际出发，又能把国家、企业、个人三者的利益结合起来；而且，定额一旦颁发，就要运用于实践中，就会成为广大群众的努力目标。总之，定额来自群众，又贯彻于群众。

5. 可变性与相对稳定性

建筑装饰工程定额水平的高低，是根据一定时期的社会生产力水平确定的。随着科学技术的进步，社会生产力的发展，当原有的定额已不适应生产需要时，就要对它进行修改和补充。但社会生产力的发展有一个由量变到质变的过程，因此，定额的执行也有一个实践过程。所以，定额既不是固定不变的，但也绝不能朝令夕改；既有时效性，又有一定的稳定性。

2.1.3 建筑装饰工程预算定额的作用

（1）装饰工程预算定额是编制装饰工程施工图预算、确定装饰工程预算造价的依据，也是招标投标工作中业主编制工程标底的依据。

（2）装饰工程预算定额是工程设计阶段对设计方案或某种新材料、新工艺进行技术经济评价的依据。

（3）装饰工程预算定额是编制装饰工程施工组织设计的依据，同时也是确定装饰施工中工人的劳动消耗量、装饰材料消耗量以及机械台班需用量的依据。

（4）装饰工程预算定额是控制装饰工程投资、办理工程付款和工程结算的依据。

（5）装饰工程预算定额是承包商进行经济核算和经济活动分析的依据。

（6）装饰工程预算定额是编制装饰工程概算定额和地区单位估价表的依据。

2.1.4 建筑装饰工程预算定额的分类

2.1.4.1 按生产要素分类

1. 劳动消耗定额

劳动消耗定额，简称劳动定额，是指在正常施工条件下，完成单位合格产品所规定的必要劳动消耗数量标准。劳动定额有两种表现形式，即时间定额和产量定额。时间定额是指某种专业、某种技术等级的工人在合理的劳动组织与合理的使用材料的条件下，完成单位合格产品所必需的工作时间，包括基本生产时间、辅助生产时间、不可避免的中断时间、准备与结束时间和工人必需的休息时间等；产量定额是指在合理劳动组织与合理使用材料的条件下，某种专业、某种技术等级的工人在单位工日中应完成的合格产品的数量。为了便于综合与核算，劳动定额大多采用工作时间消耗量来计算劳动消耗的数量，因此，劳动定额的主要表现形式是时间定额。时间定额以工日为单位，每一工日按 8 小时计算。

2. 材料消耗定额

材料消耗定额，简称材料定额，是指在正常施工条件下完成单位合格产品所规定的各种材料、半成品、成品和构配件消耗的数量标准。由于材料费在装饰工程造价中所占比例极大，所以，材料消耗量的多少，对产品价格和工程成本有着直接的影响。材料消耗定额，在很大程度上可以影响材料的合理调配和使用。在产品生产数量和材料质量一定的情况下，材料的供应计划和需求都会受材料定额的影响。重视和加强材料定额管理，制定合理的材料消耗定额，是组织材料的正常供应，保证生产顺利进行，以及合理利用资源，减少积压、浪费的必要前提。

3. 机械台班定额

机械台班定额，是指在正常施工条件下，合理地组织劳动与使用机械而完成单位合格产品所规定的施工机械消耗的数量标准。机械台班定额同样可分为时间定额和产量定额。机械时间定额是指完成单位合格产品，施工机械所必须消耗的时间；机械产量定额是指在台班工作时间内，由每个机械台班和小组成员总工日数所完成的合格产品数量。通常，机械台班定额的表现形式是机械时间定额，时间定额以台班为单位，每台班按 8 小时计算。机械台班定额是施工机械生产率的反映，高质量的施工机械台班定额，是合理组织机械化施工、有效利用施工机械和进一步提高机械生产率的必备条件。

2.1.4.2 按定额编制程序及用途分类

1. 预算定额

预算定额是在规定一定计量单位的工程基本的构造要素（即分部分项工程）上，人工、材料和机械台班消耗的数量标准，是一种计价性定额，它主要用于施工图设计完成后编制施工图预算。在工程委托承包时，它是确定工程直接费的主要依据，在工程招标投标时，它是编制标底和确定投标报价的主要依据。应该说，预算定额在所有计价定额中占有很重要的位置。从编制程序上来看，预算定额是概算定额和估算指标的编制基础。

2. 概算定额

概算定额是在预算定额的基础上，根据有代表性的通用设计图和标准图等资料，以主要工序为准，结合相关工序，并加以综合扩大编制而成的，是在正常的施工条件下，为完成一定计量单位的扩大结构构件、扩大分项工程或分部工程所需消耗的人工、材料和机械台班消耗的数量标准，主要用于初步设计或扩大初步设计完成后，编制设计概算，它是控制建设项目投资的主要依据。概算定额的编制基础是预算定额，但又比预算定额更加综合扩大，它的定额项目划分原则是与初步设计的深度相适应的。

此外，由于它是在基础定额地区统一基价表的基础上，进行综合计算编制而成，所以通常都带有一定的区域性。

3. 估算指标

估算指标是比概算定额更加综合扩大了人工、材料和机械台班的消耗定额指标，具有较大的概括性，宽裕度误差范围均较大，属参考性经济指标，主要用于在项目建议书阶段可行性研究和编制设计任务书阶段编制投资估算。估算指标往往以独立的单项工程或完整的工程项目为计算对象，它的表现形式通常是以建筑面积、建筑体积、自然量和物理量等为计量单位，列出造价指标及人工、材料与机械台班的需用量。估算指标是项目决策和投资控制的重要依据。

4. 工期定额

工期定额是为各类工程规定的施工期限的定额天数。包括建设工期定额和施工工期定额。

建设工期是指建设项目或独立的单项工程在建设过程中所耗用的时间总量，即从开工建设时起至全部建成投产或交付使用时为止所经历的时间，通常以月数或天数表示。但是不包括由于计划调整而停缓建所延误的时间。施工工期一般是指单项工程或单位工程从正式开工起至完成承包工程全部设计内容并达到国家验收标准为止的全部有效天数。

建设工期是评价投资效果的重要指标，直接标志着建设速度的快慢。缩短工期，提前投产，不仅能节约投资，也能更快地发挥效益，创造出更多的物质和精神财富。工期对于施工企业来说，也是在履行承包合同、安排施工计划、减少成本开支以及提高经营成果等方面必须考虑的指标。各类工程所需工期有一个合理的界限，在一定的条件下，工期长短也是有规律性的，如果违背这个规律就会造成质量问题和经济效益降低。这就需要一个合理工期和评价工期的标准，工期定额便提供了这样一个标准。由于在工期定额中已经考虑了季节性施工因素、地区性特点、工程结构和规模、工程用途以及施工技术与管理水平等因素对工期的影响，因此，工期定额是评价工程建设速度、编制施工计划、签订承包合同以及评价全优工程的可靠依据。

2.1.4.3 按专业分类

1. 建筑工程定额

建筑工程，通常理解为房屋和构筑物工程。因此，建筑工程定额在整个工程建设定额中是一种非常重要的定额，在定额管理中地位显著。它适用于工业与民用建筑的新建、扩建、改建工程，包括基础工程、结构工程。

2. 装饰工程定额

装饰工程定额适用于装饰工程。

3. 设备安装工程定额

设备安装工程是对需要安装的设备来进行定位、组合、校正和调试等工作的工程。设备安装工程定额主要适用于新建、扩建项目中的机械设备、电气设备、给排水、采暖、煤气、通风及空调设备安装等工程。

4. 市政工程定额

市政工程定额主要适用于城镇管辖范围内的市政工程。

5. 仿古建筑及园林定额

仿古建筑及园林定额主要适用于新建、扩建的仿古建筑和园林绿化工程。不适用于修缮、改建和临时性工程。

6. 公路工程定额

公路工程定额适用于路基工程、路面工程、隧道工程、桥涵工程、防护工程以及交通工程及沿线设施等。

7. 市政养护、维修定额

市政养护、维修定额适用于城市、城镇的道路、排水、桥涵和路灯等市政设施的中、小型养护、维修工程。

2.1.4.4 按定额适用范围分类

1. 全国统一定额

全国统一定额是由国家建设行政主管部门，综合全国工程建设中的技术和施工组织管理的情况编制，并在全国范围内执行的定额，例如全国统一安装工程定额。全国统一定额反映的是一定时期我国社会生产力水平的一般情况，是各省、自治区、直辖市编制各地单位估价表的重要依据。

2. 行业部门统一定额

行业部门统一定额，是考虑到各行业部门专业工程技术特点以及施工生产和管理水平编制的。一般只在本行业和相同专业性质的范围内使用。

3. 地区统一定额

地区统一定额是各省、自治区、直辖市考虑地区的特点并结合全国统一定额水平适当调整补充而编制，在规定的地区范围内使用的定额。各地的气候条件、经济技术条件、物质资源条件和交通运输条件等，都是编制地区统一定额的重要依据。

4. 企业定额

企业定额是承包商考虑到本企业的具体情况，参照国家、部门或地区定额的水平制定的定额。企业定额只在企业内部使用，是企业素质的一个标志。企业定额水平一般应高于国家现行定额，这样才能满足技术发展、企业管理和市场竞争的需要。

2.2 建筑装饰工程定额计价模式

2.2.1 建筑装饰工程定额计价模式的概念

装饰工程定额计价模式是以各地区各部门编制的消耗量定额、综合定额或统一基价表等为依据，按定额规定的分部分项子目逐项计算工程量，套用定额单价确定直接工程费，然后按管理部门规定的取费标准确定组成工程造价的间接费、利润和税金，最终获得工程造价并用于装饰工程招标投标的一种计价模式。其造价的形成方式是传统的施工图预算，其分项工程单价的表现形式是定额项目表中的工料机单价（即基价）。

2.2.2 建筑装饰工程预算定额的编制原则

1. 平均水平的原则

按其商品生产的基本经济规律——价值规律的要求，商品的价值由生产该商品的社会必要劳动量来确定。

在定额计价方式中，建筑装饰产品价格的主要部分由预算定额来确定，因而，预算定额的编制必须符合上述规律，即在正常施工条件下，以平均的劳动强度、平均的技术熟练程度，在平均的技术装备条件下，完成单位合格产品所需的劳动消耗量，就是预算定额的消耗量水平。这种以社会必要劳动量来确定的定额水平，就是通常所说的预算定额的平均水平。因而，在定额编制过程中要贯彻平均水平原则。

需要指出的是，定额消耗量与定额水平成反比。

2. 简明适用的原则

定额的简明性和适用性是统一体中的两个方面。

简明性是指简单明了，使用方便；适用性是指能满足各方面需求，项目越明细越好。如果只强调简明性，适应性就差；如果只强调适应性，简明性就差。因此，为了合理解决好这一对矛盾，预算定额应该坚持在适用的基础上力求简明的原则。

定额的简明适用原则主要体现在以下几个方面：

（1）为了满足各方面适用的需要（如编制标底或标价、签订合同价、办理工程结算、编制各种计划和进行工程成本核算等），不仅要求项目齐全，而且还要考虑补充有关新结构、新工艺的项目。另外，还要注意每个定额子目的内容划分要恰当。例如，300mm×300mm方格网轻钢龙骨吊顶，要分为上人型与不上人型两种，因为这两者之间的材料消耗量和人工消耗量都有较大的差别。所以，要把上述内容划分为两个定额子目。

（2）明确预算定额计量单位时，要考虑简化工程量计算的问题。例如，装配式 T 形铝合金天棚龙骨的定额计量单位采用"m²"要比用"m"或"kg"更简单、方便。

（3）预算定额中的各种说明，要简明扼要，通俗易懂。

3. 统一性和差别性相结合的原则

统一性是指从培育全国统一市场规范计价行为出发，计价定额的制定规划和组织实施由国务院建设行政主管部门归口，并负责全国统一定额制定或修订，颁发有关工程造价管理的规章制度办法等。这样就有利于通过定额和工程造价的管理实现建筑装饰工程价格的宏观调控。通过编制全国统一定额，使建筑装饰工程具有一个统一的计价依据，也使考核设计和施工的经济效果具有一个统一尺度。

差别性是指在统一新的基础上，各部门和省、自治区、直辖市主管部门可以在自己的管辖范围内，根据本部门和地区的具体情况，制定部门和地区性定额、补充性制度和管理办法，以适应我国幅员辽阔，地区间部门发展不平衡和差异大的实际情况。

4. 坚持由专业人员编审的原则

编制预算定额有很强的政策性和专业性，既要合理地把握定额水平，又要反映新工艺、新结构和新材料的定额项目，还要推进定额结构的改革。因此，必须改变以往临时抽调人员编制定额的做法，建立专业队伍，长期稳定地积累经验和资料，不断补充和修订定额，促进预算定额适应市场经济的要求。

2.2.3 建筑装饰工程预算定额的编制方法和步骤

装饰工程定额计价模式下编制预算的方法和步骤通常有工料单价法和实物法两种，下面分别加以介绍。

1. 工料单价法

（1）定义

工料单价法是指根据造价主管部门编制和确定的分项工程的单价（亦称基价）与分部分项工程的工程量相乘得到分部分项工程的直接工程费，然后汇总形成单位工程的直接工程费，并以此作为基础，按照各省市造价主管部门颁发的费用定额的相关规定计算出间接费、利润和税金，最终形成单位工程总造价的一种方法。

（2）工料单价法编制预算的方法和步骤

1）收集编制预算的有关文件和资料。

2）熟悉施工图纸和定额。

3）熟悉施工现场情况。

4）计算分项工程的工程量。

5）根据定额基价，计算直接工程费。

6）进行工料分析。

7）根据费用定额，计算工程总造价。

8）编写施工图预算编制说明。

9）复核、填写预算封面。

10）装订、签章和审批施工图预算。

工料单价法是目前我国工程造价管理转轨时期编制单位装饰工程预算造价的重要方法，其单价的形成体现了政府定价的行为。为了适应市场需求，实现工程造价的动态管理，需要根据当时当地的市场价格进行价差调整，表现在费用定额的运用当中。另外，工料单价法的主要工作就是计算直接工程费。

2. 实物法

（1）定义

实物法是指根据消耗量定额中所规定的分部分项工程中的人工、材料、机械台班的消耗量（亦称含量）与分部分项工程的工程量相乘后得到的分部分项工程的人工、材料、机械的实际耗用量，再乘以当时当地人工、材料、机械台班的实际价格，得到单位工程的人工费、材料费和机械使用费，最后汇总形成单位工程的直接工程费，并以此为基础，按照各省市造价主管部门颁发的费用定额的相关规定计算出间接费、利润和税金，最终形成单位工程总造价的一种方法。

（2）实物法编制预算的方法和步骤

1）收集编制预算的有关文件和资料。

2）熟悉施工图纸和定额。

3）熟悉施工现场情况。

4）计算分部分项工程的工程量。

5）根据定额人工、材料、机械含量计算出分部分项工程的人工、材料、机械用量。

6）根据分部分项工程的人工、材料、机械用量，分别乘以工程当时当地人工、材料、机械台班的实际价格，计算出人工费、材料费和机械费，汇总形成直接工程费。

7）根据费用定额，计算其工程总造价。

8）编写施工图预算编制说明。

9）复核、填写预算封面。

10）装订、签章和审批施工图预算。

在市场经济条件下，人工、材料和机械台班的单价是随市场变化而变化的，用实物法编制施工图预算，采用的是工程当时当地的人工、材料和机械台班的单价，能够较好地反映工程实际价格水平，工程造价的准确性高，所以，实物法是与市场经济体制相适应的预算编制方法，与工程量清单计价的基本思路相吻合，但是在计算过程中，实物法较工料单价法更为繁琐，应加强在计算软件上的应用。

2.3 建筑装饰工程预算定额的应用

【例 2-1】 某建筑物钢筋混凝土柱 20 根，构造如图 2-1 所示，若柱面抹水泥砂浆，1∶3底层，1∶2.5 面层，厚度均为 12mm＋8mm，试计算其工程量。

【解】 （1）柱面抹水泥砂浆工程量，按结构尺寸计算，即

结构断面周长×柱高度×根数＝$0.6 \times 4 \times 3.5 \times 20 = 168$（$m^2$）

（2）柱帽抹水泥砂浆工程量按展开面积计算，即

$$\frac{1}{2} \sqrt{0.05^2 + 0.16^2} \times (0.6 \times 4 + 0.7 \times 4) \times 20 = 8.72 (m^2)$$

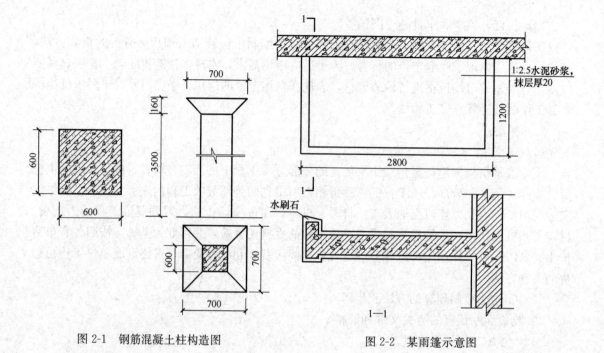

图 2-1　钢筋混凝土柱构造图　　　　　　图 2-2　某雨篷示意图

【例 2-2】　如图 2-2 所示，求雨篷抹灰工程量（做法：挑檐外侧抹 1：2.5 水泥砂浆 δ＝20mm）。

【解】　顶面工程量：$2.8 \times 1.2 \times 1.2 = 4.03$（$m^2$）（式中一个 1.2 为系数）

底面工程量：$2.8 \times 1.2 = 3.36$（m^2）

【例 2-3】　图 2-3 为一独立方柱圆形饰面示意图，外包不锈钢饰面，外围直径为 1020mm，柱高 6m，试计算饰面工程量。

【解】　根据工程量计算规则，柱面装饰按柱外围尺寸乘以柱的高度计算

柱饰面工程量＝$1.02\pi \times 6.00 = 19.22$（$m^2$）

计量单位与定额计量单位化为一致：0.1922（$100m^2$）

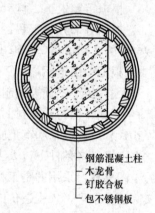

—钢筋混凝土柱
—木龙骨
—钉胶合板
—包不锈钢板

图 2-3　方柱圆形饰面

【例 2-4】　某办公楼雨篷柱如图 2-4 所示，柱面贴大理石，试计算工程量。

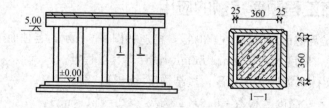

图 2-4　某办公楼雨篷柱示意图

【解】　工程量＝$(0.36＋0.025 \times 2) \times 4 \times 5 \times 5 = 41$（$m^2$）

上岗工作要点

1. 走上工作岗位之前，对建筑装饰工程预算定额有基本的了解和认识。
2. 实际工作中，熟练应用建筑装饰工程预算定额的编制方法。
3. 通过实际工作，掌握建筑装饰工程预算定额在实际工程中的应用。

思 考 题

2-1 简述建筑装饰工程预算定额的概念。
2-2 建筑装饰工程预算定额有哪些特点？
2-3 建筑装饰工程预算定额是如何分类的？
2-4 建筑装饰工程预算定额的编制原则有哪些？
2-5 建筑装饰工程预算定额的编制方法有哪些？

第3章 建筑装饰工程定额工程量计算

重 点 提 示

1. 熟悉工程量的概念，掌握其计算方法并熟练运用。

2. 掌握建筑面积计算规则。

3. 掌握楼地面工程量、墙柱面工程量、顶棚工程量、门窗工程量、油漆、涂料裱糊等工程量计算规则与计算方法。

3.1 工程量计算概述

3.1.1 工程量的概念

建筑装饰工程量全面反映了建筑装饰工程的工作内容、实体构成及数量、施工组织及措施项目构成等，它以自然的和物理的计量单位来表示分项工程或结构构件的数量。

物理计量单位是指以物体的物理属性作为计量单位，在装饰工程中指的是装饰分项工程或结构构件的物理法定计量单位，如米（m）、平方米（m²）和立方米（m³）。通常，以长度计算分项工程的工程量，计量单位用 m 表示；以面积计算分项工程的工程量的计量单位用 m² 表示；以体积计算分项工程的工程量的计量单位用 m³ 表示。比如在工程量计算规则中规定不锈钢栏杆扶手以米计算，单位为 m；轻钢龙骨双面矿棉板隔断以平方米计算，单位为 m²；1/2 混水砖墙以立方米计算，单位为 m³ 等。

自然计量单位是指以装饰施工对象本身自然组成情况为计量单位，例如个、组、套、台、块、副等。比如在工程量计算规则中规定玻璃加工分项工程中的玻璃钻孔分项按"个"计算；门窗工程中门定位器安装分项工程按"副"计算；门锁安装分项工程按"把"计算；石材刻字按"个"计算；扶手弯头按"个"计算；店牌制作安装分项工程按"块"计算等。

建筑装饰工程量的计算是一项非常细致的基础性工作，它是将装饰设计图纸的内容按消耗量定额的分项工程划分，并按统一的计算规则进行计算，所以工程量的计算对于所有的装饰工程来说都具有相当重要的意义。

3.1.2 工程量计算的依据

建筑装饰工程量计算的依据总结起来有以下几个方面：

1. 招标文件

建筑装饰工程的招标文件表达了建设方对装饰工程的期望值，反映了建设方对投标方参与工程施工的全部要求。招标文件包含了投标须知和投标须知前附表、合同条款、合同文件格式、工程建设标准、图纸、投标文件投标函部分格式、投标文件商务部分格式、投标文件技术部分格式、资格审查申请书格式等，其中合同条款、工程建设标准、施工图纸是建设方和施工方关注的焦点，因为甲乙双方要以此为依据来计算标底和标价，而且施工图的完善程度也直接影响了招标投标工作的结果。

2. 施工合同

施工合同是招标文件的重要组成部分。招标文件就是要约，合同就是通过招标投标形式来要约和承诺的，它是保护建设单位和施工单位权益的重要保障。施工合同中一般应明确规定工程的结算方式、设计变更处理办法、施工组织设计等内容，它实际上是工程量计算内容的补充，因此决不能被忽视。

3. 装饰设计施工图纸及其说明

装饰工程设计方案比较考究，各种造型变化较多，图纸内容涉及面极广，所以设计施工图纸及其说明是装饰工程量计算的主要资料，图纸上所有的工程信息都应该完整并准确，造价人员在计算工程量前必须认真审图，仔细阅读图纸说明，这是正确计算装饰工程量的前提。一般来说，经建设方、设计院、施工单位三方会审后的图纸才能作为工程量计算的依据。

4. 工程量计算规则

建筑装饰工程工程量的计算要以定额中规定的工程量的计算规则为标准。目前，建筑装饰工程量主要根据住房和城乡建设部 2013 年 7 月 1 日施行的《建设工程工程量清单计价规范》、《房屋建筑与装饰工程工程量计算规范》、2002 年 1 月 1 日施行的《全国统一建筑装饰装修工程消耗量定额》以及各省、市、自治区定额主管部门颁发的《建筑装饰装修工程消耗量定额》的计算规则进行计算。

5. 施工组织设计方案

施工组织设计是确定某些分项工程中非常重要的依据，是施工准备及施工过程中必备的技术经济管理文件，是签订施工合同的重要内容之一。在施工组织设计方案中明确规定了各分项工程的施工方法及各种技术措施，这些都是工程量计算的基础资料。

6. 现场签证

现场签证是对施工过程中遇到的某些特殊情况所实施的书面依据，由此发生的价款也成为工程造价的组成部分。由于现代装饰工程规模和投资都比较大，技术含量较高，设备材料价格变化较快，工程合同不可能对未来整个施工期可能出现的情况都做出预见和约定，所以，工程预算也不可能对整个施工期发生的费用做出详尽的预测，而且在实际施工中，主客观条件的变化又会给整个施工过程带来许多不确定的因素。

我们常见的签证形式有工程技术签证、工程经济签证、工程技术经济签证、工程工期签证、隐蔽工程签证等。在项目实施的整个施工过程中，一般都会发生现场签证而最终以价款的形式体现在工程结算中，工程量的增减就是其中的一种表现形式，也是计算签证价款的基础。

7. 工程造价计算的其他资料

建筑装饰工程量的计算是一个相当繁琐的过程，需要参考的资料也很多，除以上介绍的依据以外还有标准图集、生产厂家提供的一些特殊材料的安装图集等。另外，随着计算机算量软件的普及，计算机算量的一些技巧性知识也是正确计算工程量的重要资料。

3.1.3 工程量计算的原则

工程量计算是装饰工程造价计算中最繁琐也是最细致的工作，分项工程项目列项是否齐全准确，计算结果是否正确，直接关系到装饰工程造价的编制质量和速度。为保证装饰工程造价计算的准确高效，工程量计算应遵循以下原则：

1. 要按照一定的顺序进行计算

计算装饰工程量时为了避免漏项或重复计算，必须遵循一定的计算顺序，例如分楼层、分房间、分部位等顺序进行计算，保证列项的准确性。

2. 计算口径要一致，避免重复列项或漏项

在计算工程量时，根据施工图纸给出的分项工程的口径（指分项工程所包括的工作内容和范围），必须与现行消耗量定额中相应分项工程的口径一致。例如砖墙面挂贴花岗石分项工程，某省消耗量定额中包括刷素水泥浆一道（结合层），则计算砖墙面挂贴花岗石分项工程量时，也应包括这些工作内容，不应另列项目重复计算。如果消耗量定额中有一些分项工程，例如缸砖台阶，设计中包括刷素水泥浆一道，而消耗量定额工程内容中没有包括，就应该另行计算。所以，在计算工程量时，除了熟悉施工图纸以外，还要掌握消耗量定额中每个分项工程所包括的工程内容和范围，了解定额子目中分项工程的综合划分，做到列项时不重复、不遗漏，准确合理。

3. 工程量计算与计算规则要一致，避免错算

按施工图纸计算工程量采用的计算规则，必须要与本地区现行消耗量定额计算规则或工程量清单计算规则相一致。例如，计算踢脚板工程量，某省现行的消耗量定额的计算规则是：踢脚板按延长米计算，洞口、空圈长度不予扣除，洞口、空圈、垛、附墙烟囱等侧壁长度也不增加，所以在计算过程中就不能按实际长度或面积计算。只有这样，才能有统一的计算标准以及保证工程量计算的准确性。

4. 计量单位要一致

计算工程量时列出的各分项工程的计量单位必须与《全国统一建筑工程基础定额》中相应项目的计量单位相一致。例如，消耗量定额中阳台栏杆、扶手分项工程的计量单位是延长米，则计算工程量时所用的计量单位也应该是延长米。另外，消耗量定额的计量单位在编制时进行了调整，使用的是扩大单位，如"10m³"、"1000m³"、"100m²"、"10m"等，在运用时必须注意，避免出错。

5. 工程量计算精确度要统一

工程量计算结果，除钢材（以 t 为计量单位）、木材（以 m³ 为计量单位）取三位小数外，其余项目一般取小数点后两位。

3.1.4 工程量的计算单位

依据有关计算规则规定的工程量计算的计量单位（在国内统一规定采用公制，在国外有采用公制和英制两种）：

1. 公制单位

（1）以体积计算的为立方米（m³）。

（2）以面积计算的为平方米（m²）。

（3）以长度计算的为米（m）。

（4）以质量计算的为吨（t）或千克（kg）。

（5）以件（个或组）计算的为件（个或组）。

根据《建设工程工程量清单计价规范》（GB 50500—2013）、《房屋建筑与装饰工程工程量计算规范》（GB 50851—2013），汇总工程量时，其准确度取值：立方米、平方米、米以

下取两位；吨以下取三位；千克、件取整数。

2. 英制单位

(1) 以体积计算的为立方英尺 (cu. ft 或 ft³)。

(2) 以面积计算的为平方英尺 (sq. ft 或 ft²)。

(3) 以重量计算的为磅 (lb)。

(4) 以长度计算的为英尺 (ft)。

(5) 以件计算的为件数 (No.)。

3.1.5 工程量的计算方法

工程量计算在整个工程造价编制过程中是最花费时间，最繁重的工作。工程量计算的快慢和精确度如何，直接影响到工程报价的准确性，只有工程量计算准确，才能保证工程项目投标报价的正确。同时，工程量计算这项细致而繁琐的工作，一直是令预算报价人员头痛的事，而且预算人员计算工程量没有统一的书写格式，给审核预算和应用工作带来很大的困难。如何统一工程量计算表的格式一直是被人们所关注的事，也是预算人员期待已久的事。在推行工程量清单计价之初，数据库尚不完备，所以现行定额资料仍允许使用。

在施行工程量清单计价之后，虽然投标报价中的工程量计算工作可以省去，但结算时仍需实测计算；招标标底编制也要计算工程量。因此，工程量计算方法仍需重视。

1. 工程量计算顺序

为了便于计算和审核工程量，防止遗漏或重复计算，根据工程项目的不同性质，要按一定的顺序进行计算。

首先计算建筑装饰工程的建筑面积，做到心中有数，为下步计算分部分项工程量给定基数。建筑装饰工程量计算一般按下列顺序进行：

建筑面积──→门窗工程──→楼地面工程──→顶棚工程──→墙面工程──→楼梯──→配件──→其他装饰──→脚手架。

计算工程量时，应按照施工图纸顺序，分部分项计算，并尽可能使用计算表格。

在列式计算给予尺寸时，其次序应保持统一，一般应按长、宽、高依次列式。

利用图纸计算工程量时一般采用如下顺序：

(1) 按顺时针顺序计算，从平面图左上角开始，按顺时针方向逐步计算，绕一周再回到左上角。

(2) 按先横后竖顺序计算，从平面图的横竖方向从左到右，先外后内，先上后下逐步计算。

(3) 按图纸编号顺序计算等。

(4) 运用统筹法计算工程量，做到统筹程序，合理安排，利用基数，连续计算，一次算出，多次使用，结合实际，灵活机动的原则计算。

计算工程量并不局限于以上几种做法，可依据预算专业人员自己的经验和习惯，采取各种形式和方法。总之，要求计算式简明易懂，层次清楚，有条不紊，算式统一，力求达到准确无误，方便核查的目的。

2. 工程量汇总

工程量计算完毕，经过核对无误后，根据预算定额内容和计算单位的要求，按分部分项工程的顺序逐项汇总，整理列项，为套用定额单价提供有利条件。

3. 工程量计算表格的应用

工程量计算表格部分的内容，在书后附录 B 中给出了完整的介绍，这里暂不说明。

3.2 建筑面积计算

3.2.1 建筑面积的相关概念

1. 建筑面积的概念

建筑面积（亦称建筑展开面积），指的是建筑物各层水平面积的总和。建筑面积是由使用面积、辅助面积和结构面积组成，其中使用面积与辅助面积之和称之为有效面积。其公式为：

$$建筑面积＝使用面积＋辅助面积＋结构面积＝有效面积＋结构面积 \qquad (3-1)$$

2. 使用面积的概念

使用面积，指的是建筑物各层布置中可直接为生产或生活使用的净面积总和。例如住宅建筑中的卧室、起居室、客厅等。住宅建筑中的使用面积也称之为居住面积。

3. 辅助面积的概念

辅助面积，指的是建筑物各层平面布置中为辅助生产和生活所占净面积的总和。例如住宅建筑中的楼梯、走道、厕所、厨房等。

4. 结构面积的概念

结构面积，指的是建筑物各层平面布置中的墙体、柱等结构所占的面积的总和。

5. 首层建筑面积的概念

首层建筑面积，也可称为底层建筑面积，指的是建筑物底层勒脚以上外墙外围水平投影面积。首层建筑面积作为"二线一面"中的一个重要指标，在工程量计算时，将被反复使用。

3.2.2 建筑面积的作用

建筑面积不仅是一个重要的建筑技术指标，同时也是一个重要的建筑经济指标。正确地计算建筑面积，具有非常重要的技术经济意义。

1. 建筑面积可作为控制建设项目投资的重要指标

建筑面积能直接反映建设项目规模的大小，它可作为控制建设项目投资的重要指标。

不同的建筑面积决定着不同的建设规模，例如某省费用定额规定大于 $10000m^2$ 的民用建筑为一类工程，大于 $5000m^2$ 的民用建筑为二类工程，由此可见，建筑面积是工程类别大小判定的一个重要的依据，而工程类别的确定决定了工程总造价的金额。

2. 建筑面积是进行设计评价的重要指标

工程项目进行设计评价主要考虑使用率，使用率是使用面积与总建筑面积之比，通常也叫做平面系数，用 K 来表示，$K = \dfrac{使用面积}{总建筑面积}$，K 值越大，则表示设计的使用效益和经济效益越高，它的重要参考价值体现在房地产开发、住户购房等领域。

3. 建筑面积是一项重要的技术经济指标

目前，建设部和国家质量技术监督局颁发的《房产测量规范》（GB/T 17986.1—2000）中的房产面积计算，以及《住宅设计规范》（GB 50096—2011）中有关面积的计算，均依据的是《建筑工程建筑面积计算规则》。建筑面积作为重要的技术经济指标，主要表现在建筑物的单方造价上，单方造价是指建筑及装饰工程总造价与建筑面积的比值。公式如下：

$$单方造价 = \frac{总造价}{总建筑面积} \quad (元/m^2) \qquad (3-2)$$

单方造价可以作为判断是否对装饰工程项目进行投资的最直观的衡量标准，也可作为投标报价期望值的最简单的判断依据。

4. 建筑面积是计算工程量的重要指标

装饰工程中脚手架、垂直运输工程量是以建筑面积来计算的，楼地面整体面层和找平层的工程量是以使用面积和辅助面积来计算的，详见第 3.2.4 节。

3.2.3 与建筑面积有关的重要技术经济指标

1. 单位工程每平方米建筑面积消耗指标（亦称单方消耗指标）

$$单方工（料、机）耗用量 = \frac{单位工程工（料、机）耗用量}{建筑面积} \qquad (3-3)$$

2. 建筑平面系数指标体系

建筑平面系数指标体系是指反映建筑设计平面布置合理性的指标体系，通常包括四个指标，即建筑平面系数、辅助面积系数、结构面积系数和有效面积系数。公式如下：

$$(1) \ 建筑平面系数（K）= \frac{使用面积（住宅为居住面积）}{建筑面积} \times 100\% \qquad (3-4)$$

在居住建筑中，K 值一般为 50%～55%。

$$(2) \ 辅助面积系数 = \frac{辅助面积}{建筑面积} \times 100\% \qquad (3-5)$$

$$(3) \ 结构面积系数 = \frac{结构面积}{建筑面积} \times 100\% \qquad (3-6)$$

$$(4) \ 有效面积系数（K_1）= \frac{有效面积}{建筑面积} \times 100\% \qquad (3-7)$$

3. 建筑密度指标

建筑密度指标是反映建筑用地经济性的主要指标之一。公式如下：

$$建筑密度 = \frac{建筑基底总面积（建筑底层占地面积）}{建筑用地总面积} \qquad (3-8)$$

4. 建筑面积密度（容积率）指标

建筑面积密度指标是反映建筑用地使用强度的主要指标。一般情况下，建筑面积密度大，则土地利用程度高，土地的经济性较好。但过分追求建筑面积密度，会带来人口密度过大的问题，影响居住质量。公式如下：

$$建筑面积密度（容积率）= \frac{总建筑面积}{建筑用地面积} \qquad (3-9)$$

3.2.4 建筑面积计算规则及方法

1. 应计算建筑面积的项目

(1) 单层建筑物的建筑面积计算规则

1) 单层建筑物内未设有局部楼层者如图 3-1 所示，计算规则如下：

① 单层建筑物高度在 2.20m 及以上者（$h \geqslant 2.20m$）应按其外墙勒脚以上结构外围水平面积计算。即

$$S = a \times b \qquad (3-10)$$

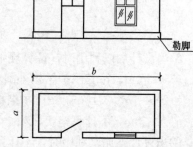

图 3-1 单层建筑物建筑面积计算示意图

25

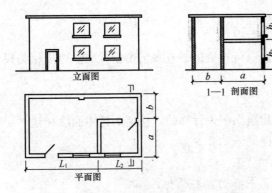

立面图

1—1 剖面图

平面图

图 3-2 单层建筑物内设有局部楼层者建筑
面积计算示意图

② 单层建筑物高度不足 2.20m 者（$h < 2.20$m）应按其外墙勒脚以上结构外围水平面积的一半计算。即

$$S = 1/2(a \times b) \qquad (3-11)$$

（注：h 为单层建筑物的高度，这是指单层建筑物的层高。）

2）单层建筑物内设有局部楼层者如图 3-2 所示，局部楼层的二层及以上楼层计算规则如下：

① 有围护结构的应按其围护结构外围水平面积计算。计算规则：

当 $h_1 \geqslant 2.20$m，计算全面积，即

$$S = (L_1 + L_2) \times (a + b) + L_2 \times a$$

当 $h_1 < 2.20$m，计算 1/2 面积，即

$$S = (L_1 + L_2) \times (a + b) + \frac{1}{2} L_2 \times a$$

式中　h_1——单层建筑物内局部楼层的二层及以上楼层的层高。

② 无围护结构的应按其结构底板水平面积计算。计算规则：

$h_1 \geqslant 2.20$m，计算全面积；

$h_1 < 2.20$m，计算 1/2 面积。

需要注意的是，局部楼层的一层建筑面积不需另计算，它已包括在单层建筑物的建筑面积计算之内。

3）单层建筑物坡屋顶内建筑面积如图 3-3 所示，计算规则如下：

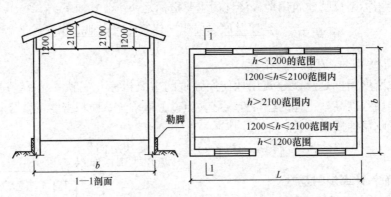

图 3-3　单层建筑物坡屋顶内建筑面积计算

①当设计加以利用时，计算规则：

$h > 2.10$m，按其围护结构外围水平面积计算全部建筑面积；

1.20m $\leqslant h \leqslant 2.10$m，按围护结构外围水平面积 1/2 面积计算建筑面积；

$h < 1.20$m，不计算建筑面积。

②当设计不加以利用时，不计算建筑面积。

（2）高低联跨的建筑物建筑面积如图 3-4 所示，计算规则如下：

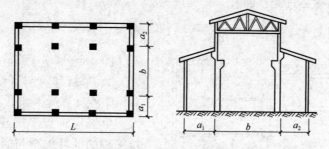

图 3-4 高低联跨的建筑物建筑面积计算示意图

1）当高低跨需要分别计算建筑面积时，应以高跨部分的结构外边线为界分别计算建筑面积。

2）当高低跨内部连通时，其变形缝应计算在低跨面积内。

高跨建筑面积 $S = L \times b$

低跨建筑面积 $S = L \times (a_1 + a_2)$

式中 L——两端山墙勒脚以上外墙结构外边线间的水平距离；

  a_1、a_2——分别为高跨中柱外边线至两边低跨柱外边线水平宽度；

  b——高跨中柱外边线之间的水平宽度。

（3）多层建筑物建筑面积计算规则如下：

多层建筑物建筑面积按其外墙勒脚以上结构外围水平面积计算；二层及以上楼层应按其外墙结构外围水平面积计算。

1）同一建筑物如结构、层数相同时，可以合并计算其建筑面积，如图 3-5 所示。

计算规则：

$h \geq 2.20\text{m}$，计算全面积，即 $S = n \times L \times b$

$h < 2.20\text{m}$，计算 1/2 面积，即 $S = \dfrac{1}{2}(L \times b) \times n$

式中 h——单层或多层建筑物的层高；

  n——层数（图 3-5 中，$n = 3$）。

2）同一建筑物如结构、层数不同时，应分别计算建筑面积，以檐口高的部分结构外边线为分界线，如图 3-6 所示。

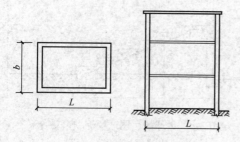

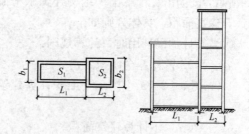

图 3-5 相同结构、层数的多层   图 3-6 不同结构、层数的建筑物
    建筑物建筑面积计算示意图   建筑面积计算示意

计算规则：

$h \geqslant 2.20\text{m}$，计算全面积，即 $S_1 = n_1 \times L_1 \times b_1$；$S_2 = n_2 \times L_2 \times b_2$

$h < 2.20\text{m}$，计算 1/2 面积，即 $S_1 = \frac{1}{2}(L_1 \times b_1 \times n_1)$；$S_2 = \frac{1}{2}(n_2 \times L_2 \times b_2)$

图 3-6 中，$n_1 = 3$，$n_2 = 5$。

3）单层建筑与多层建筑联为一体的单位工程计算规则如下：

单层建筑与多层建筑联为一体的单位工程的计算规则与同一建筑物如结构、层数不同时的计算规则相似，如图 3-7 所示。

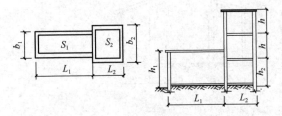

图 3-7　单层与多层建筑物建筑面积计算示意图

①单层按单层结构外围至多层结构的外皮计算建筑面积。

②多层建筑物按其结构外围面积之和计算建筑面积。

计算规则：

h、h_1 或 $h_2 \geqslant 2.20\text{m}$，计算全面积，即 $S_1 = L_1 \times b_1$；$S_2 = n_2 \times L_2 \times b_2$

h、h_1 或 $h_2 < 2.20\text{m}$，计算 1/2 面积，即 $S_1 = \frac{1}{2}(L_1 \times b_1)$；$S_2 = \frac{1}{2}(n_2 \times L_2 \times b_2)$

图 3-7 中，$n_2 = 3$。

4）多层建筑坡屋顶内建筑面积计算规则如下：

①当设计加以利用时，坡屋面部分如图 3-3 所示，其余楼层如图 3-5、图 3-6 所示。

计算规则：

$h > 2.10\text{m}$，按其围护结构外围水平面积计算全部建筑面积。

$1.20\text{m} \leqslant h \leqslant 2.10\text{m}$，按围护结构外围水平面积 1/2 面积计算建筑面积。

$h < 1.20\text{m}$，不计算建筑面积。

②当设计不加以利用时，不计算建筑面积。

需要注意，多层建筑物建筑面积的计算，不包括外墙面的粉刷层、装饰层，但建筑物外墙外侧有保温隔热层的，应按保温隔热层外边线计算建筑面积。

（4）足球场、网球场等场馆看台空间建筑面积计算规则如下：

足球场、网球场等场馆看台如图 3-8 所示，按场馆看台下围护结构外围水平面积计算建筑面积，具体规则如下：

①当设计加以利用时，计算规则：

$h > 2.10\text{m}$，计算全面积。

$1.2\text{m} \leqslant h \leqslant 2.1\text{m}$，按 1/2 面积计算建筑面积。

$h < 1.20\text{m}$，不计算建筑面积。

式中　h——室内净高。

②当设计不加以利用时，不计算建筑面积。

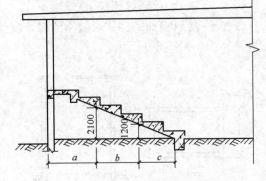

图 3-8　足球场、网球场等场馆看台下的建筑面积计算示意图

（5）地下室、半地下室（车间、商店、车站、车库、仓库等），包括相应的有顶盖的出入口建筑面积如图 3-9 所示，计算规则。

应按其外墙上口（不包括采光井、外墙防潮层及其保护墙）外边线所围的水平面积计算。

计算规则：

$h \geqslant 2.20\text{m}$，计算全面积。

$h < 2.20\text{m}$，计算 1/2 面积。

式中　h——地下室的层高。

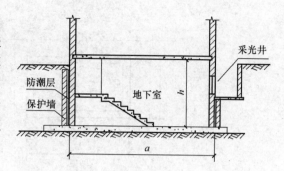

图 3-9　地下室、半地下室的建筑面积计算示意图

（6）坡地的建筑物吊脚架空层、深基础架空层如图 3-10 所示，建筑面积计算规则。

1）设计加以利用并有围护结构的，按围护结构外围水平面积计算建筑面积。

计算规则：

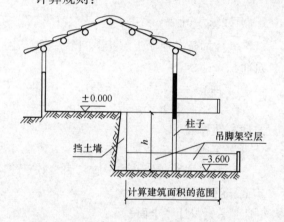

图 3-10　建筑物吊脚架空层的
建筑面积计算示意图

$h \geqslant 2.20\text{m}$，计算全面积。

$h < 2.20\text{m}$，计算 1/2 面积。

式中　h——加以利用的吊脚架空层的层高。

注意：如图 3-10 所示吊脚计算面积的部位是指柱与挡土墙之间的那部分和外面有围护结构并以阳台为顶盖的那部分。

2）设计加以利用无围护结构的，按利用部位水平面积的 1/2 计算建筑面积。

3）设计不加以利用时，不计算建筑面积。

（7）建筑物的门厅、大厅建筑面积计算规则。

1）建筑物内有顶盖的门厅、大厅按一层计算其建筑面积。

计算规则：

$h \geqslant 2.20\text{m}$，计算全面积。

$h < 2.20\text{m}$，计算 1/2 面积。

式中　h——门厅、大厅的层高。

2）建筑物内无顶盖的大厅不计算建筑面积。

3）门厅、大厅内设有走廊时，应按走廊结构底板水平投影面积计算，如图 3-11 所示。

计算规则：

$h \geqslant 2.20\text{m}$，计算全面积。

$h < 2.20\text{m}$，计算 1/2 面积。

式中　h——回廊的层高。

①大厅有顶盖者，带回廊的七层大厅建筑面积计算如下：

$$大厅建筑面积 = a \times L$$

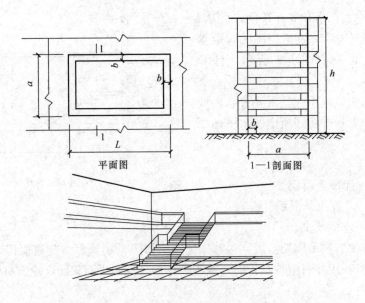

图 3-11　设有走廊的建筑物门厅、大厅建筑面积计算示意图

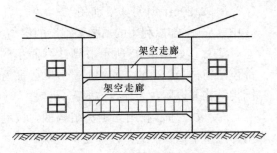

图 3-12　建筑物间的架空走廊建筑面积计算示意图

大厅回廊二层至七层按其自然层计算建筑面积，即

建筑面积 $= (L + a - 2b) \times 2 \times b \times 6$

②大厅无顶盖者，带回廊的七层大厅建筑面积计算如下：

建筑面积 $= (L + a - 2b) \times 2 \times b \times 7$

（8）建筑物间的架空走廊（图 3-12）建筑面积计算规则。

1）有顶盖和围护结构的，应按其围护结构外围水平面积计算全面积；

2）无围护结构、有围护设施的应按其结构底板水平投影面积计算 1/2 面积。

（9）立体书库（图 3-13）、立体仓库、立体车库建筑面积计算规则如下：

立体书库、立体仓库、立体车库，有围护结构的，应按其围护结构外围水平面积计算建筑面积；无围护结构、有围护设施的，应按其结构底板水平投影面积计算建筑面积。具体规则如下：

1）无结构层的，应按一层计算建筑面积。

计算规则：

$h \geqslant 2.20\text{m}$，计算全面积。

$h < 2.20\text{m}$，计算 1/2 面积。

式中　h——立体书库、立体仓库、立体车库的层高。

2）有结构层的，应按其结构层面积分别计算。

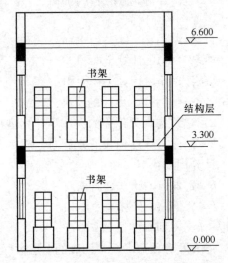

图 3-13　立体书库建筑面积计算示意图

计算规则：

$h \geqslant 2.20\text{m}$，计算全面积。

$h < 2.2\text{m}$，计算 1/2 面积。

（10）有围护结构的舞台灯光控制室建筑面积计算规则。

有围护结构的舞台灯光控制室，应按其围护结构外围水平面积计算。计算规则：

$h \geqslant 2.20\text{m}$，计算全面积。

$h < 2.20\text{m}$，计算 1/2 面积。

式中　h——舞台灯光控制室的层高。

如图 3-14 所示，我国很多剧院、歌舞厅将舞台灯光控制室设在这种有顶有墙的舞台夹层上或设在耳光室内。

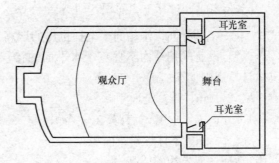

图 3-14　有围护结构的舞台灯光控制室建筑面积计算示意图

（11）建筑物外的落地橱窗，应按其围护结构外围水平面积计算。具体计算规则如下：

$h \geqslant 2.20\text{m}$，计算全面积。

$h < 2.20\text{m}$，计算 1/2 面积。

式中　h——落地橱窗的层高。

（12）窗台与室内楼地面高差在 0.45m 以下且结构净高在 2.10m 及以上的凸（飘）窗，应按其围护结构外围水平面积计算 1/2 面积。

（13）有围护设施的室外走廊（挑廊），应按其结构底板水平投影面积计算 1/2 面积；有围护设施（或柱）的檐廊，应按其围护设施（或柱）外围水平面积计算 1/2 面积。

（14）门斗应按其围护结构外围水平面积计算建筑面积。结构层高在 2.20m 及以上的，应计算全面积；结构层高在 2.20m 以下的，应计算 1/2 面积。

（15）门廊应按其顶板水平投影面积的 1/2 计算建筑面积；有柱雨篷应按其结构板水平投影面积的 1/2 计算建筑面积；无柱雨篷的结构外边线至外墙结构外边线的宽度在 2.10m 及以上的，应按雨篷结构板的水平投影面积的 1/2 计算建筑面积。

（16）建筑物顶部有围护结构的楼梯间、水箱间、电梯机房（图 3-15）等建筑面积计算规则如下：

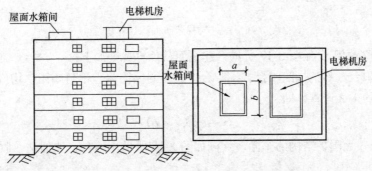

图 3-15　建筑物屋面水箱间、电梯机房建筑面积计算示意图

计算规则：

$h \geqslant 2.20\text{m}$，计算全面积，即 $S = a \times b$

$h<2.20m$，计算 $1/2$ 面积，即 $S=\frac{1}{2}(a\times b)$

式中 h——楼梯间、水箱间、电梯机房的层高。

（17）设有围护结构不垂直于水平面的楼层，应按其底板面的外墙外围水平面积计算。具体计算规则如下：

$h\geqslant 2.10m$，计算全面积

$1.20m\leqslant h<2.10m$，计算 $1/2$ 面积

$h<1.20m$，不计算建筑面积。

式中 h——建筑物的层高。

（18）建筑物的室内楼梯、电梯井、提物井、管道井、通风排气竖井、烟道，应并入建筑物的自然层计算建筑面积。有顶盖的采光井应按一层计算面积，结构净高在 2.10m 及以上的，应计算全面积，结构净高在 2.10m 以下的，应计算 $1/2$ 面积。

（19）室外楼梯应并入所依附建筑物自然层，如图 3-16 所示，并应按其水平投影面积的 $1/2$ 计算建筑面积。

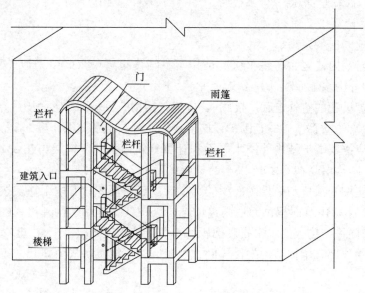

图 3-16 室外楼梯建筑面积计算示意

（20）建筑物的阳台如图 3-17 所示，建筑面积计算规则如下：

建筑物的阳台，不论是凹阳台、挑阳台，还是封闭阳台、不封闭阳台均应按其结构底板水平投影面积的 $1/2$ 计算，即

$$S=\frac{1}{2}(a\times b)$$

（21）有顶盖无围护结构的车棚、货棚如图 3-18 所示、站台、加油站、收费站等建筑面积计算规则如下：

1）正 V 形柱、倒八形柱等不同类型的柱支撑的车棚、货棚、加油站、收费站等均应按其顶盖水平投影面积的 $1/2$ 计算建筑面积，即

$$车棚、货棚、站台建筑面积=\frac{1}{2}(a\times L)$$

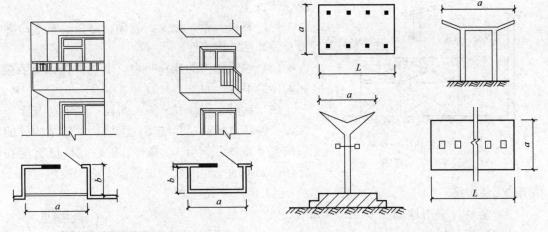

图 3-17　建筑物的阳台　　　　　　　　图 3-18　有顶盖无围护结构的车棚、
建筑面积计算示意图　　　　　　　　　　　货棚等建筑面积计算示意图

2）在车棚、货棚、站台、加油站、收费站内设有围护结构的管理室、休息室等，另按相关规定计算面积。

（22）以幕墙作为围护结构的建筑物的建筑面积计算规则。

如图 3-19 所示，以幕墙作为围护结构的建筑物的建筑面积应按幕墙外边线计算建筑面积。

（23）建筑物的外墙外保温层，应按其保温材料的水平截面积计算，并计入自然层建筑面积。

（24）建筑物内的变形缝的建筑面积计算规则。

建筑物内的变形缝的建筑面积应按其自然层合并在建筑物面积内计算，如图 3-19 所示。

（25）对于建筑物内的设备层、管道层、避难层等有结构层的楼层，结构层高在 2.20m 以上的，应计算全面积；结构层高在 2.20m 以下的，应计算 1/2 面积。

2. 不应计算建筑面积的项目

（1）与建筑物内不相连通的建筑部件；

（2）骑楼、过街楼底层的开放公共空间和建筑物通道，如图 3-20 所示；

（3）舞台以及后台悬挂幕布、布景的天

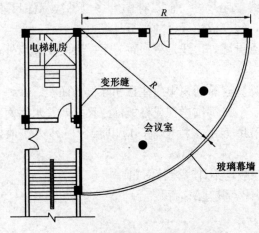

图 3-19　幕墙作为围护结构的建筑物
的建筑面积计算示意

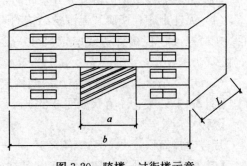

图 3-20　骑楼、过街楼示意

33

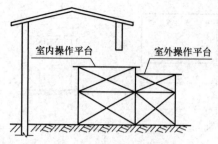

图 3-21　建筑物内的操作平台、上料平台等示意图

桥、挑台等。

（4）屋顶水箱、花架、凉棚、露台、露天游泳池及装饰性结构构件。

（5）建筑物内的操作平台、上料平台、安装箱和罐体的平台，如图 3-21 所示。

（6）勒脚、附墙柱、垛、台阶、墙面抹灰、装饰面、镶贴块料面层、装饰性幕墙，主体结构外的空调室外机搁板（箱）、构件、配件，挑出宽度在 2.10m 以下的无柱雨篷和顶盖高度达到或超过两个楼层的无柱雨篷。

（7）窗台与室内地面高差在 0.45m 以下且结构净高在 2.10m 以下的凸（飘）窗，窗台与室内地面高差在 0.45m 及以上的凸（飘）窗；

（8）室外爬梯、室外专用消防钢楼梯（图 3-22）；

（9）无围护结构的观光电梯；

（10）建筑物以外的地下人防通道，独立的烟囱、烟道、地沟、油（水）罐、气柜、水塔、贮油（水）池、贮仓、栈桥等构筑物。

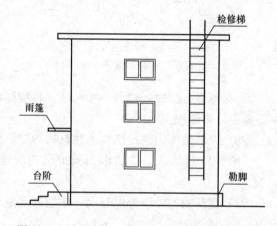

图 3-22　用于检修、消防等的室外钢楼梯、爬梯

3. 其他

（1）建筑物与构筑物连成一体的，属建筑物部分应按上述规定计算。

（2）上述规则适用于地上、地下建筑物的建筑面积计算，如遇有上述未尽事宜，可参照相关规则处理。

3.2.5　应用计算规则时应注意的问题

（1）在计算建筑面积时，是按外墙的外边线取定尺寸，而设计图纸多以轴线标注尺寸，因此，要注意将底层和标准层按各自墙厚尺寸，转换成边线尺寸进行计算。

（2）当在同一外边轴线上有墙有柱时，要查看墙外边线是否一致，不一致时要按墙外边线、柱外边线分别取定尺寸计算建筑面积。

（3）若遇有建筑物内留有天井空间时，在计算建筑面积中应注意扣除天井面积。

（4）无柱走廊、檐廊和无围护结构的阳台，一般都按栏杆或栏板标注尺寸，其水平面积可以按栏杆或栏板墙外边线取定尺寸；若是采用钢木花栏杆者，应以廊台板外边线取定尺寸。

（5）层高小于 2.2m 的架空层或结构层，一般均不计算建筑面积。

【例 3-1】　某仓库货台如图 3-23 所示，试计算其建筑面积。

【解】

货台建筑面积：$S = 0.8 \times 4 \times 5 \times 4 = 64 (\text{m}^2)$

【例 3-2】　试计算如图 3-24 所示的建筑物的面积（墙厚为 240mm）。

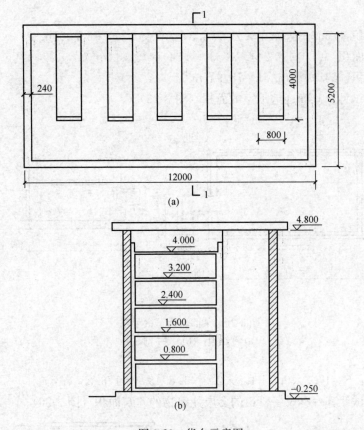

图 3-23 货台示意图

(a) 货台平面图；(b) 1—1 剖面图

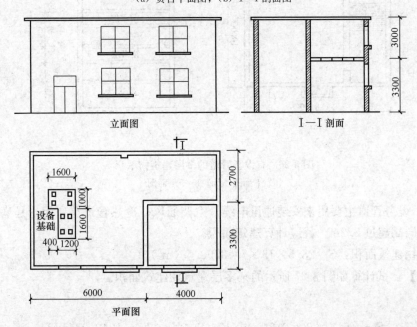

立面图   Ⅰ—Ⅰ 剖面

平面图

图 3-24 某建筑物示意

【解】

底层建筑面积：$(6.0+4.0+0.24)\times(3.3+2.7+0.24)=63.90(m^2)$

楼隔层建筑面积：$(4.0+0.24)\times(3.3+0.24)=15.01(m^2)$

全部建筑面积：$63.90+15.01=78.91(m^2)$

【例 3-3】 试计算某商店地下室的面积（图 3-25）。

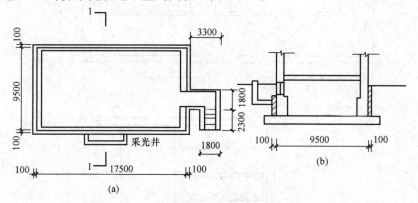

图 3-25 某商店地下室示意

（a）平面图；（b）1—1 剖面图

【解】

地下室面积：$S=17.5\times9.5+1.8\times2.3+1.8\times3.3=176.33$（$m^2$）

【例 3-4】 试计算一有设备管道的多层建筑物的建筑面积（图 3-26）。

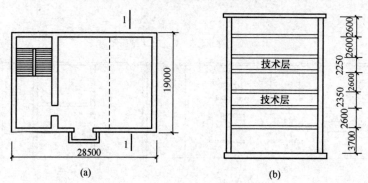

图 3-26 有设备管道的多层建筑物示意

（a）平面图；（b）1—1 剖面图

【解】 设备管道主要用来安装通讯电缆、空调通风、冷热管道等，无论是满设或部分设置，只要层高超过 2.2m，就应计算建筑面积。

该建筑物建筑面积：$S=28.5\times19\times7=3790.5$（$m^2$）

【例 3-5】 试计算如图 3-27 所示的某多层建筑物建筑面积。

【解】

$$S=(5.7\times3+0.24)\times(10+0.24)\times7=1242.93(m^2)$$

【例 3-6】 试计算有柱雨篷建筑面积（图 3-28）。

36

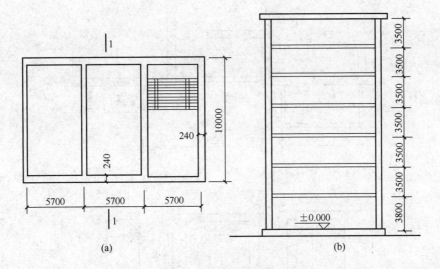

图 3-27　某多层建筑物

(a) 平面图；(b) 1—1 剖面图

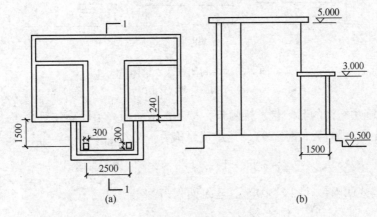

图 3-28　雨篷示意

(a) 平面图；(b) 1—1 剖面图

【解】　有柱的雨篷、车棚、货棚、站台等，按柱外围水平面积计算建筑面积。

有柱雨篷建筑面积：$S = (2.50 + 0.30) \times (1.50 + 0.15 - 0.12) = 4.28(m^2)$

【例 3-7】　如图 3-29～图 3-31 所示一未封闭阳台，试计算其建筑面积。

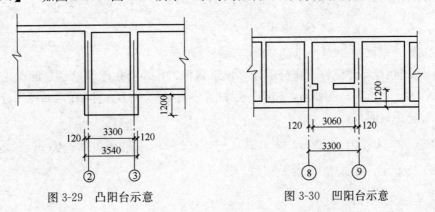

图 3-29　凸阳台示意　　　　　图 3-30　凹阳台示意

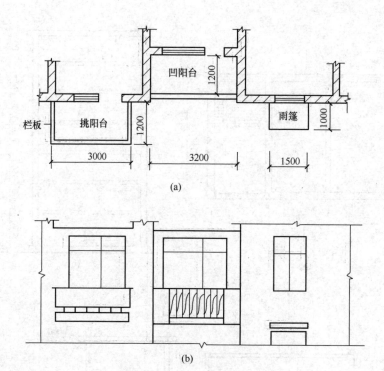

图 3-31 未封闭式凹、挑阳台

(a) 平面图；(b) 立面图

【解】 无围护结构的凹阳台、挑阳台，按其水平面积一半计算建筑面积。

(1) 未封闭式凸阳台（图 3-29），其建筑面积为：

$$S=3.54\times1.2\times0.5=2.12 \ (m^2)$$

(2) 未封闭式凹阳台（图 3-30），其建筑面积为：

$$S=3.06\times1.2\times0.5=1.84 \ (m^2)$$

(3) 未封闭式挑阳台（图 3-31），其建筑面积为：

$$S=3.0\times1.2\times0.5=1.8 \ (m^2)$$

(4) 未封闭式凹阳台（图 3-31），其建筑面积为：

$$S=3.2\times1.2\times0.5=1.92 \ (m^2)$$

【例 3-8】 求如图 3-32 所示的建筑物建筑面积。

【解】建筑物设有伸缩缝时应分层计算建筑面积，并入所在建筑物建筑面积之内。建筑物内门厅、大厅不论其高度如何，均按一层计算建筑面积。门厅、大厅内回廊部分按其水平投影面积计算建筑面积。

$$S=[20.5\times40\times3+30.25\times14.5\times2\times2-10.0\times(6.0+3.0-0.73)]$$

$$=2460+1754.5-82.7$$

$$=4131.8(m^2)$$

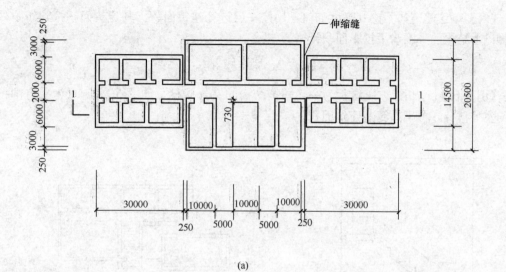

(a)

(b)

图 3-32　设有伸缩缝和回廊的建筑物

(a) 平面图；(b) 1—1 剖面图

【例 3-9】　如图 3-33 所示一单层建筑物，试计算其建筑面积。

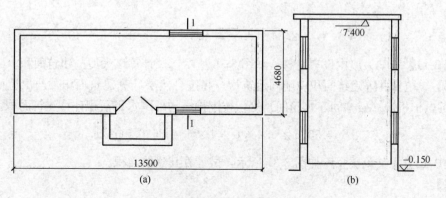

图 3-33　某单层建筑物

(a) 平面图；(b) 1—1 剖面图

【解】单层建筑物不论其高度如何，均按一层计算建筑面积。其建筑面积按建筑物外墙勒脚以上结构的外围水平投影面积计算。

$$S = 13.5 \times 4.68 = 63.18 \ (\text{m}^2)$$

【例 3-10】 如图 3-34 所示为一无围护结构的室外楼梯，如图 3-35 所示为一有围护结构的室外楼梯，分别计算其建筑面积。

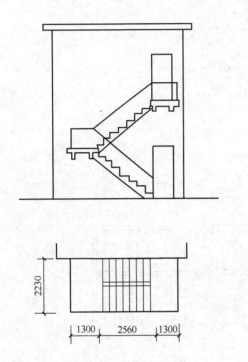

图 3-34 无围护结构的室外楼梯

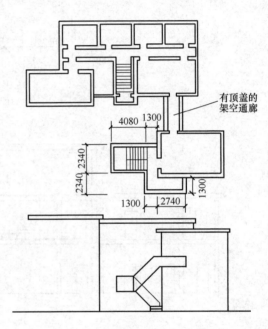

图 3-35 有围护结构的室外楼梯

【解】 建筑物的室外楼梯，不管其有无围护结构，均按自然层投影面积之和计算建筑面积。

（1）无围护室外楼梯的建筑面积：$S = 2.23 \times (1.3 + 2.56 + 1.3) = 11.51 (\text{m}^2)$

（2）有围护室外楼梯的建筑面积：

$$S = [(4.08 + 1.3) \times 2.34 + 2.34 \times 1.3 + 1.3 \times 2.74] = 19.19 (\text{m}^2)$$

【例 3-11】 某大厦内设有电梯，如图 3-36 所示，试计算该大厦的建筑面积。

【解】 电梯井等建筑面积应随同建筑物一起按自然层计算建筑面积。凸出屋面的有围护结构的电梯机房（楼梯间、水箱间）等，按围护结构外围水平面积计算建筑面积。

$$S = 66.5 \times 9.2 \times 6 + 4 \times 4 = 3686.8 (\text{m}^2)$$

【例 3-12】 某单层仓库如图 3-37 所示，试计算其建筑面积。

【解】

$$S = 外墙外围的水平投影面积 = (32 + 0.24) \times (15 + 0.24) = 491.34 (\text{m}^2)$$

【例 3-13】 如图 3-38 所示一水箱间，试计算屋面水箱间的建筑面积。

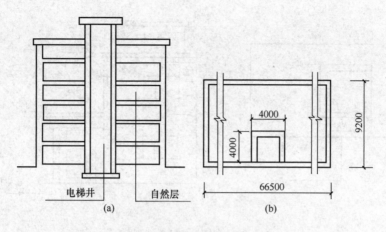

图 3-36 设有电梯的大厦示意

(a) 剖面图；(b) 平面图

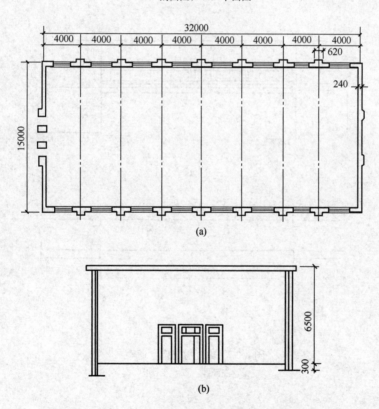

图 3-37 某单层仓库

(a) 平面图；(b) 剖面图

【解】 屋面上部有围护结构的楼梯间、水箱间、电梯机房等，按围护结构外围水平面积计算建筑面积。

$$S = 2.3 \times 2.3 = 5.29 \ (\text{m}^2)$$

【例 3-14】 如图 3-39 所示一建筑物，试计算建筑物间架空通廊的建筑面积。

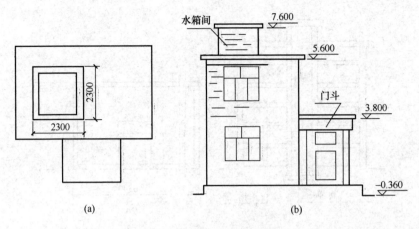

图 3-38　有围护结构的水箱间

(a) 平面示意图；(b) 侧立面示意图

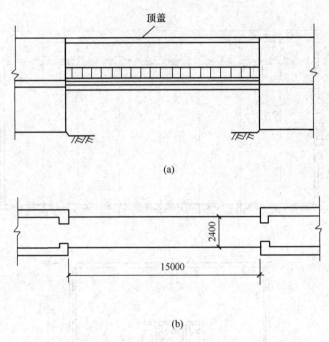

图 3-39　建筑物间架空通廊

(a) 剖面图；(b) 平面图

【解】

(1) 有顶盖的架空通廊建筑面积：

$$S = 15.0 \times 2.4 = 36 \ (\text{m}^2)$$

(2) 当本例的架空通廊无顶盖时，其建筑面积为：

$$S = 通廊水平投影面积 \times \frac{1}{2} = 15 \times 2.4 \times \frac{1}{2} = 18 \ (\text{m}^2)$$

【例 3-15】　某舞台灯光控制室，如图 3-40 所示，是计算其建筑面积的工程量。

【解】 有围护结构的舞台灯光控制室，按其围护结构外围水平面积乘以层数计算建筑面积。

$$S_1 = \frac{4.00 + 0.24 + 2.00 + 0.24}{2} \times (4.50 + 0.12) = 14.97(\text{m}^2)$$

$$S_2 = (2.00 + 0.24) \times (4.50 + 0.12) = 10.35(\text{m}^2)$$

$$S_3 = (1.00/2) \times (4.50 + 0.12) = 2.31(\text{m}^2)$$

$$S = 14.97 + 10.35 + 2.31 = 27.63(\text{m}^2)$$

【例 3-16】 无柱有盖的走廊和檐廊如图 3-41 所示，试计算其建筑面积。

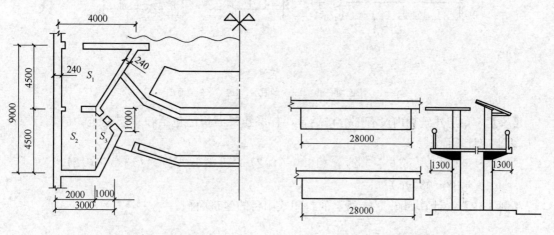

图 3-40 有围护结构的舞台   图 3-41 无柱有盖的走廊和廊檐

【解】 无柱的走廊、檐廊的建筑面积按其投影面积的一半计算。

$$S_{走廊}: 28 \times 1.3 \times \frac{1}{2} = 18.2 \ (\text{m}^2)$$

$$S_{檐廊}: 28 \times 1.3 \times \frac{1}{2} = 18.2 \ (\text{m}^2)$$

【例 3-17】 如图 3-42 所示，试计算有柱站台的建筑面积。

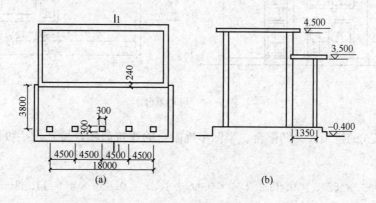

图 3-42 站台平面示意

(a) 平面图；(b) 1—1 剖面图

【解】
$$S = (18 + 0.30) \times (3.8 + 0.15 - 0.12) = 70.09(\text{m}^2)$$

【例 3-18】 如图 3-43 所示，计算某单层建筑面积。

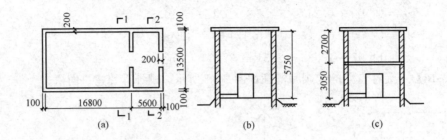

图 3-43 某单层建筑

(a) 平面图；(b) 1—1 剖面图；(c) 2—2 剖面图

【解】 单层建筑物内设有部分楼层者，首层建筑面积已包括在单层建筑物内，二层及二层以上应计算面积。

$$S = (16.8 + 5.6 + 0.2) \times (13.5 + 0.2) + (5.6 + 0.2) \times (13.5 + 0.2)$$
$$= 389.08(\text{m}^2)$$

【例 3-19】 计算如图 3-44 所示的封闭式阳台的建筑面积。

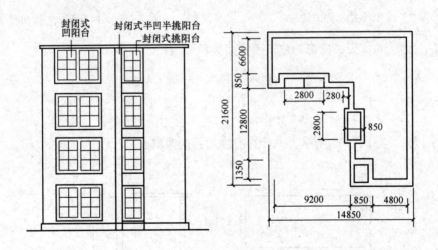

图 3-44 封闭阳台

【解】封闭式的挑阳台、凹阳台、半凹半挑阳台的建筑面积，按其水平投影面积的一半计算。

$$S = \frac{1}{2} \times (2.8 \times 0.85 + 2.8 \times 0.85 + 1.35 \times 0.85) \times 4 = 11.82(\text{m}^2)$$

【例 3-20】 如图 3-45 所示某实验楼，设有 5 层大厅带回廊。试计算其大厅和回廊的建筑面积。

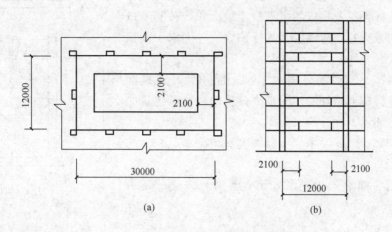

图 3-45　某实验楼平面和剖面示意
(a) 平面图；(b) 剖面图

【解】

大厅建筑面积：$12 \times 30 = 360 (\text{m}^2)$

回廊建筑面积：$(30 - 2.1 + 12 - 2.1) \times 2.1 \times 2 \times 5 = 793.80 (\text{m}^2)$

【例 3-21】　如图 3-46 所示，试计算高低联跨的单层建筑物的建筑面积。

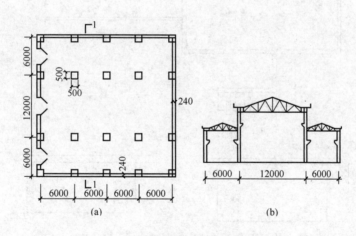

图 3-46　高低联跨的某单层建筑
(a) 平面图；(b) 1—1 剖面图

【解】

S_1(高跨)：$(24 + 0.24 \times 2) \times (12 + 0.25 \times 2) = 306.00 (\text{m}^2)$

S_2(低跨)：$(24 + 0.24 \times 2) \times (6 - 0.25 + 0.24) \times 2 = 293.27 (\text{m}^2)$

$S_{建}$(总面积)：$306.00 + 293.27 = 599.27 (\text{m}^2)$

【例 3-22】　如图 3-47 所示一楼梯间，其墙厚 240mm，试计算该楼梯间的建筑面积。

【解】

$$S = (1.25 \times 2 + 0.20 - 0.24) \times (5.5 - 0.12) = 13.23 (\text{m}^2)$$

【例 3-23】　如图 3-48 所示一地下商店，试计算该地下商店的建筑面积。

【解】 地下室、半地下室、地下车间、仓库、商店、车站、地下指挥部等及相应的出入口建筑面积，按其上口外墙（不包括采光井、防潮层及其保护墙）外围水平面积计算。

地下商店按上口外墙外围水平投影面积计算建筑面积；地下出入口按上口外墙外围水平投影面积计算建筑面积；地下人防通道不计算建筑面积。

$$S = 79.4 \times 23.5 + [4.7 \times 2.35 + (2.78 + 2.35) \times 2.35] \times 2$$
$$= 1912.12 (m^2)$$

【例 3-24】 如图 3-49 所示，试计算有柱雨篷的建筑面积。

【解】

图 3-49(a)雨篷建筑面积：$2.5 \times 4.0 = 10.0 (m^2)$

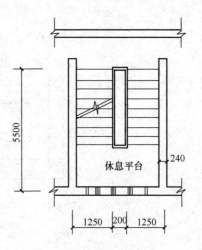

图 3-47 楼梯间平面示意

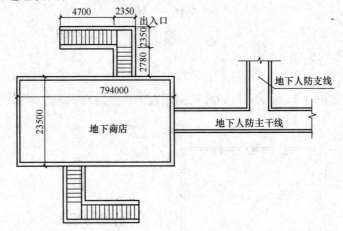

图 3-48 地下商店示意

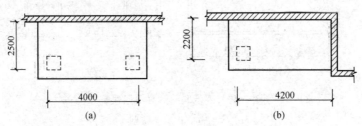

图 3-49 有柱雨篷平面示意

图 3-49(b)雨篷建筑面积：$2.2 \times 4.2 = 9.24 (m^2)$

【例 3-25】 如图 3-50 所示一吊脚空间设置的架空层，试计算其建筑面积。

【解】 建于坡地的建筑物利用吊脚空间设置架空层并加以利用时，其层高超过 2.2m，按围护结构外围水平面积计算建筑面积。

$$S = (5.6 + 0.32) \times (3.15 + 0.32) = 20.54 (m^2)$$

【例 3-26】 如图 3-51 所示一舞台灯光控制室，试计算其建筑面积。

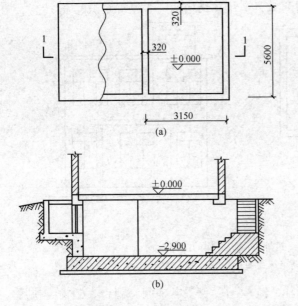

(a)

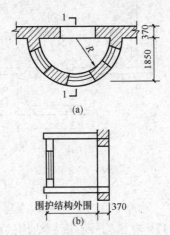

(a)

(b)

图 3-50 吊脚空间示意
(a) 平面图；(b) 1—1 剖面图

图 3-51 舞台灯光控制室
(a) 平面图；(b) 剖面图

【解】 舞台灯光控制室的建筑面积应按其围护结构外围水平投影面积乘以实际层数计算，并计入所依附的建筑物的建筑面积中。

$$S = \frac{\pi R^2}{2} = \frac{3.14 \times 1.85 \times 1.85}{2} = 5.37 (\text{m}^2)$$

【例 3-27】 如图 3-52 所示一建筑物，试计算独立柱雨篷的建筑面积。

【解】 独立柱的雨篷按顶盖的水平投影面积的一半计算建筑面积。

$$S = 2.5 \times 2.5 + 2.5 \times 2.5 \times 3.14/4 = 11.16 (\text{m}^2)$$

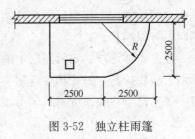

图 3-52 独立柱雨篷

【例 3-28】 某图书馆书库共 5 层，每层均设一承重书架层，如图 3-53 所示，试计算该工程的建筑面积。

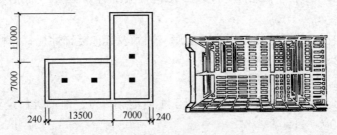

图 3-53 图书馆书库示意

【解】 设书库为 5 层，书架层为 10 层，其建筑面积为：

$$S = [(13.5 + 7 + 0.24 \times 2) \times (7 + 11 + 0.24 \times 2) - 11 \times 13.5] \times 10 = 2392.1 (\text{m}^2)$$

【例 3-29】 如图 3-54 所示，试计算室外有围护结构的门斗建筑面积。

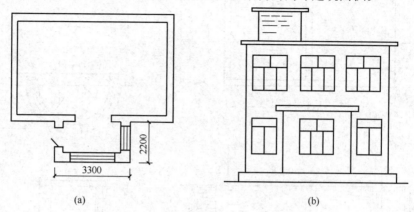

图 3-54　建筑外有围护结构的门斗示意
(a) 地层平面示意图；(b) 正立面示意图

【解】 建筑物外有围护结构的门斗、眺望间、观望电梯间、阳台、橱窗、挑廊、走廊等，按其围护结构外围水平面积计算建筑面积。

$$S=3.3×2.2=7.26(\text{m}^2)$$

3.3　楼地面工程

3.3.1　楼地面工程定额说明

1. 按《全国统一建筑工程基础定额》（GJD—101—95）执行的项目

定额说明如下：

（1）楼地面工程中的水泥砂浆、水泥石子浆、混凝土等的配合比，如设计规定与定额不同时，可以换算。

（2）整体面层、块料面层中的楼地面项目，均不包括踢脚板工料；楼梯不包括踢脚板、侧面及板底抹灰，另按相应定额项目计算。

（3）踢脚板高度是按 150mm 编制的，超过时，材料用量可以调整，人工、机械用量不变。

（4）菱苦土地面、现浇水磨石定额项目已包括酸洗打蜡工料，其余项目均不包括酸洗打蜡。

（5）扶手、栏杆、栏板适用于楼梯、走廊、回廊及其他装饰性栏杆、栏板。扶手不包括弯头制安，另按弯头单项定额计算。

（6）台阶不包括牵边、侧面装饰。

（7）定额中的"零星装饰"项目，适用于小便池、蹲位、池槽等。定额中未列的项目，可按墙、柱面中相应项目计算。

（8）木地板中的硬、杉、松木板，是按毛料厚度 25mm 编制的，设计厚度与定额厚度不同时，可以换算。

（9）地面伸缩缝按《全国统一建筑工程基础定额》第九章相应项目及规定计算。

（10）碎石、砾石灌沥青垫层按《全国统一建筑工程基础定额》第十章相应项目计算。

（11）钢筋混凝土垫层按混凝土垫层项目执行，其钢筋部分按相应项目及规定计算。

（12）各种明沟平均净空断面（深×宽）均是按 190mm×260mm 计算的，断面不同时允许换算。

2. 按《全国统一建筑装饰装修工程消耗量定额》（GYD—101—2002）执行的项目

定额说明如下：

（1）同一铺贴面上有不同种类、材质的材料，应分别执行相应定额子目。

（2）扶手、栏杆、栏板适用于楼梯、走廊、回廊及其他装饰性栏杆、栏板。

（3）零星项目面层适用于楼梯侧面、台阶的牵边、小便池、蹲便台、池槽在 1m² 以内且定额未列项目的工程。

（4）木地板填充材料，按照《全国统一建筑工程基础定额》相应子目执行。

（5）大理石、花岗石楼地面拼花按成品考虑。

（6）镶贴面积小于 0.015m² 的石材执行点缀定额。

3.3.2 楼地面工程工程量计算规则

1. 按《全国统一建筑工程预算工程量计算规则》执行的项目

工程量计算规则如下：

（1）地面垫层按室内主墙间净空面积乘以设计厚度以立方米计算。应扣除凸出地面的构筑物、设备基础、室内管道、地沟等所占体积，不扣除柱、垛、间壁墙、附墙烟囱及面积在 0.3m² 以内孔洞所占体积。

（2）整体面层、找平层均按主墙间净空面积以平方米计算。应扣除凸出地面构筑物、设备基础、室内管道、地沟等所占面积，不扣除柱、垛、间壁墙、附墙烟囱及面积在 0.3m² 以内的孔洞所占面积，但门洞、空圈、暖气包槽、壁龛的开口部分亦不增加。

（3）块料面层，按图示尺寸实铺面积以平方米计算，门洞、空圈、暖气包槽和壁龛的开口部分的工程量并入相应的面层内计算。

（4）楼梯面层（包括踏步、平台以及小于 500mm 宽的楼梯井）按水平投影面积计算。

（5）台阶面层（包括踏步及最上一层踏步沿 300mm）按水平投影面积计算。

（6）其他：

1）踢脚板按延长米计算，洞口、空圈长度不予扣除，洞口、空圈、垛、附墙烟囱等侧壁长度亦不增加。

2）散水、防滑坡道按图示尺寸以平方米计算。

3）栏杆、扶手包括弯头长度按延长米计算。

4）防滑条按楼梯踏步两端距离减 300mm 以延长米计算。

5）明沟按图示尺寸以延长米计算。

2. 按《全国统一建筑装饰装修工程消耗量定额》执行的项目

工程量计算规则如下：

（1）楼地面装饰面积按饰面的净面积计算，不扣除 0.1m² 以内的孔洞所占面积；拼花部分按实贴面积计算。

（2）楼梯面积（包括踏步、休息平台以及小于 50mm 宽的楼梯井）按水平投影面积计算。

（3）台阶面层（包括踏步以及上一层踏步沿 300mm）按水平投影面积计算。

（4）踢脚线按实贴长乘高以平方米计算，成品踢脚线按实贴延长米计算；楼梯踢脚线按相应定额乘以 1.15 系数。

（5）点缀按个计算，计算主体铺贴地面面积时，不扣除定额所占面积。

（6）零星项目按实铺面积计算。

（7）栏杆、栏板、扶手均按其中心线长度以延长米计算，计算扶手时不扣除弯头所占长度。

（8）弯头按个计算。

（9）石材底面刷养护液按底面面积加 4 个侧面面积，以平方米计算。

【例 3-30】 已知某楼梯，如图 3-55 所示，试计算其扶手及弯头的工程量（最上层弯头不计）。

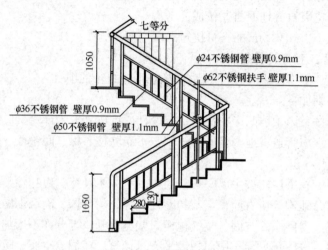

图 3-55　楼梯栏杆立面

【解】

扶手工程量：$\sqrt{0.28^2 + 0.13^2} \times 8 \times 2 = 4.94$（m）

弯头工程量＝3（个）

【例 3-31】 某酒店装饰工程大堂花岗石地面部分施工，如图 3-56 所示，试计算其工程量。

【解】

450×450 英国棕花岗石面积：

$$(18-0.13) \times (5.3-0.13) - 0.6 \times 0.13 \times 6 = 91.92（m^2）$$

450×450 米黄玻化砖斜拼：

$$(18+2.2-0.13 \times 2) \times 2.2 + 5.3 \times 2.2 = 55.53（m^2）$$

130mm 黑金砂镶边面积：

$$(18+2.2) \times (5.3+2.2) - 91.92 - 55.53 - 0.3 \times 0.13 \times 6 = 3.82（m^2）$$

【例 3-32】 某工具室平面示意图如图 3-57 所示，试计算毛石灌浆垫层工程量（做毛石灌 M2.5 混合砂浆，厚 165mm，素土夯实）。

50

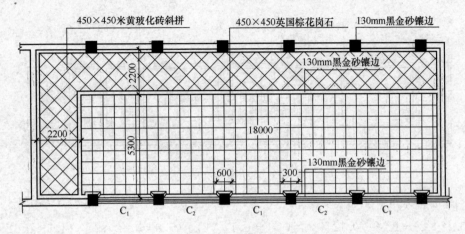

图 3-56 花岗石地面

【解】

毛石灌浆垫层工程量：

$$(8.2-0.12\times2)\times(3.4\times3-0.12\times2)\times0.165=13.08(\text{m}^3)$$

【例 3-33】 某居室地面施工图如图 3-58 所示，试计算其木地板的工程量。

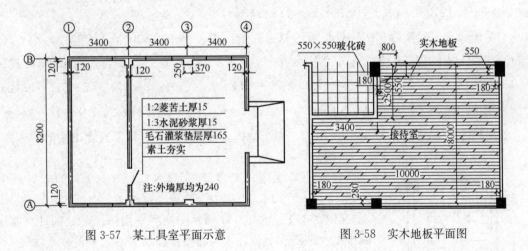

图 3-57 某工具室平面示意

图 3-58 实木地板平面图

【解】

木地板工程量：

$$8\times10-2.5\times3.4-0.55\times0.18\times2-0.18\times0.28\times2-0.28\times0.55=71.05(\text{m}^2)$$

【例 3-34】 某办公楼二层如图 3-59 所示，试计算该办公楼二层房间（不包括卫生间）及走廊地面整体面层、找平层和走廊水泥砂浆踢脚线的工程量（做法：1：2.5 水泥砂浆面层厚 23mm，素水泥浆一道；C25 细石混凝土找平层厚 36mm；水泥砂浆踢脚线高 130mm）。

【解】 整体面层下做找平层时，找平层工程量与整体面层工程量相等。垫层的设计厚度与定额子目厚度不同时可以做调整。砂浆配比不同时，可以做调整。

按轴线序号排列进行计算：

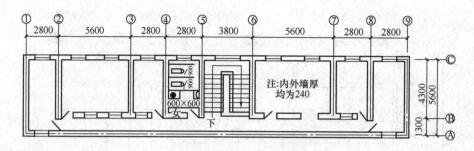

图 3-59 某办公楼二层示意

（1）地面整体面层工程量：$(2.8-0.12\times2)\times(5.6-0.12\times2)+(5.6-0.12\times2)\times(4.3-0.12\times2)+(2.8-0.12\times2)\times(4.3-0.12\times2)+(5.6-0.12\times2)\times(4.3-0.12\times2)+(2.8-0.12\times2)\times(4.3-0.12\times2)+(2.8-0.12\times2)\times(5.6-0.12\times2)+(5.6+2.8+2.8+3.8+5.6+2.8-0.12\times2)\times(1.3-0.12\times2)=116.30(m^2)$

（2）地面找平层工程量：$(2.8-0.12\times2)\times(5.6-0.12\times2)+(5.6-0.12\times2)\times(4.3-0.12\times2)+(2.8-0.12\times2)\times(4.3-0.12\times2)+(5.6-0.12\times2)\times(4.3-0.12\times2)+(2.8-0.12\times2)\times(4.3-0.12\times2)+(2.8-0.12\times2)\times(5.6-0.12\times2)+(5.6+2.8+2.8+3.8+5.6+2.8-0.12\times2)\times(1.3-0.12\times2)=116.30(m^2)$

（3）走廊水泥砂浆踢脚线按延长米计算工程量：$(2.8-0.12\times2+5.6-0.12\times2)\times2+(5.6-0.12\times2+4.3-0.12\times2)\times2+(2.8-0.12\times2+4.3-0.12\times2)\times2+(5.6-0.12\times2+4.3-0.12\times2)\times2+(2.8-0.12\times2+4.3-0.12\times2)\times2+(2.8-0.12\times2+5.6-0.12\times2)\times2+(5.6+2.8+2.8+3.8+5.6+2.8-0.12\times2+1.3-0.12\times2)\times2-3.8=140.48(m)$

【例 3-35】 试计算如图 3-60 所示的花岗石楼梯装饰面层的工程量（有走道墙的楼梯）。

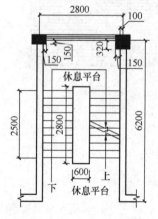

图 3-60 花岗石楼梯装饰面层

【解】

根据计算规则，工程量：$6.2\times(2.8-0.1\times2)-0.15\times0.15-0.32\times0.15-0.6\times2.8=14.37(m^2)$

【例 3-36】 如图 3-61 所示一房间平面图。试分别计算此房间铺贴大理石和做现浇水磨石整体面层时的工程量。

【解】

根据楼地面工程量计算规则，铺贴大理石地面面层的工程量为：

①～③长的净尺寸：$2.8+2.8-0.12\times2=5.36(m)$

Ⓐ～Ⓒ宽的净尺寸：$1.8+1.8-0.12\times2=3.36(m)$

扣除烟道面积：$0.9\times0.5=0.45(m^2)$

扣除柱面积：$0.4\times0.4=0.16(m^2)$

$5.36\times3.36-0.45-0.16=17.40(m^2)$

【例 3-37】 如图 3-62 所示一花岗石楼梯，试计算其装饰面层的工程量（无走道墙有梯口梁的楼梯）。

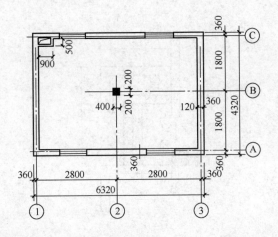

图 3-61 房间平面图

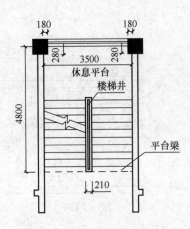

图 3-62 花岗石楼梯装饰面层

【解】

装饰面层工程量：$4.8 \times 3.5 - 0.28 \times 0.18 \times 2 = 16.70 (\mathrm{m}^2)$

【例 3-38】 如图 3-63 所示，试计算点缀的工程量。

【解】 点缀＝镶拼个数

$$黑金砂点缀工程量＝6 个$$

【例 3-39】 一花岗石楼梯如图 3-64 所示，试计算其侧面装饰面层的工程量。

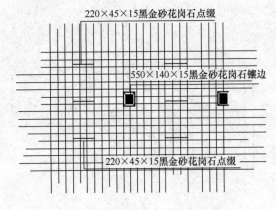

图 3-63 黑金砂花岗石点缀详图

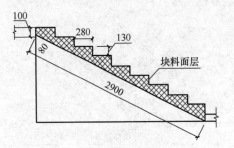

图 3-64 花岗石楼梯装饰面层侧面图

【解】

工程量：$0.08 \times 2.9 + 0.28 \times 0.13 \times (1/2) \times 9 = 0.40 (\mathrm{m}^2)$

【例 3-40】 如图 3-65 所示，试计算小便池釉面砖装饰面层和拖把池装饰面层的工程量。

【解】

(1) 小便池釉面砖装饰面层工程量：$(2 \times 2 + 0.06) \times 0.287/2 + (0.31 \times 2 + 0.06 \times 2) \times 0.214/2 + (2 \times 2 + 0.06) \times 0.214/2 + 0.31 \times 0.18 + 0.31 \times 2 = 1.77 (\mathrm{m}^2)$

(2) 拖把池装饰面层工程量：$(0.6 + 0.68) \times 0.46 + (0.6 + 0.68 - 0.08 \times 4) \times 0.46 \times 2 + 0.6 \times 0.68 = 1.88 (\mathrm{m}^2)$

【例 3-41】 如图 3-66 所示一花岗石台阶，试计算其装饰面层的工程量。

53

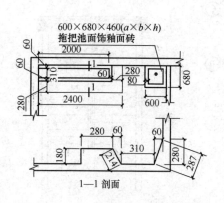

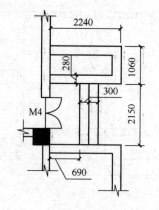

图 3-65　小便池釉面砖装饰图　　　　图 3-66　花岗石台阶装饰面层平面图

【解】

工程量：$2.15×(0.3×2+0.3)=1.94(m^2)$

【例 3-42】　如图 3-67 所示一花岗石台阶，试计算其牵边装饰面层的工程量。

【解】

工程量：$0.85×2.1×2+0.1×(0.85+2.1)-0.28×0.13-0.28×0.28-0.425×(2.1-0.28×3)=3.22(m^2)$

【例 3-43】　如图 3-68 所示一蹲台，试计算其装饰面层的工程量。

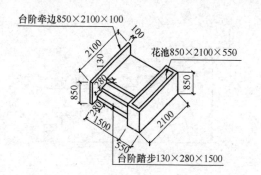

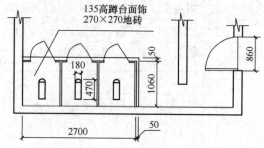

图 3-67　花岗石台阶牵边三视图　　　　图 3-68　蹲台装饰面层

【解】

工程量：$(2.7+0.05)×(1.06+0.05)+(2.7+1.06+0.05×2)×0.135=3.57(m^2)$

3.4　墙、柱面工程

3.4.1　墙、柱面工程定额说明

（1）凡定额注明砂浆种类、配合比、饰面材料以及型材的型号规格与设计不同时，可按设计规定调整，但人工、机械的消耗量不变。

（2）抹灰砂浆厚度，如设计与定额取定不同时，除定额有注明厚度的项目可以换算外，其他一律不作调整，见表 3-1。

表 3-1 抹灰砂浆定额厚度取定表

定额编号	项 目		砂 浆	厚度（mm）
2-001	水刷豆石	砖、混凝土墙面	水泥砂浆 1：3	12
			水泥豆石浆 1：1.25	12
2-002		毛石墙面	水泥砂浆 1：3	18
			水泥豆石浆 1：1.25	12
2-005	水刷白石子	砖、混凝土墙面	水泥砂浆 1：3	12
			水泥豆石浆 1：1.25	10
2-006		毛石墙面	水泥砂浆 1：3	20
			水泥豆石浆 1：1.25	10
2-009	水刷玻璃渣	砖、混凝土墙面	水泥砂浆 1：3	12
			水泥玻璃渣浆 1：1.25	12
2-010		毛石墙面	水泥砂浆 1：3	18
			水泥玻璃渣浆 1：1.25	12
2-013	干粘白石子	砖、混凝土墙面	水泥砂浆 1：3	18
2-014		毛石墙面	水泥砂浆 1：3	30
2-017	干粘玻璃渣	砖、混凝土墙面	水泥砂浆 1：3	18
2-018		毛石墙面	水泥砂浆 1：3	30
2-021	斩假石	砖、混凝土墙面	水泥砂浆 1：3	12
			水泥白石子浆 1：1.5	10
2-022		毛石墙面	水泥砂浆 1：3	18
			水泥白石子浆 1：1.5	10
2-025	墙柱面拉条	砖墙面	混合砂浆 1：0.5：2	14
			混合砂浆 1：0.5：1	10
2-026	墙柱面拉条	混凝土墙面	水泥砂浆 1：3	14
			混合砂浆 1：0.5：1	10
2-027	墙柱面甩毛	砖墙面	混合砂浆 1：1：6	12
			混合砂浆 1：1：4	6
2-028		混凝土墙面	水泥砂浆 1：3	10
			水泥砂浆 1：2.5	6

注：1. 每增减一遍水泥浆或 108 胶素水泥浆，每平方米增减人工 0.01 工日，每平方米增减素水泥浆或 108 胶素水泥浆 0.0012m³。

2. 每增减 1mm 厚砂浆，每平方米增减砂浆 0.0012m³。

（3）圆弧形、锯齿形等不规则墙面抹灰，镶贴块料应按相应项目人工乘以系数 1.15，材料乘以系数 1.05。

（4）离缝镶贴面砖定额子目，面砖的消耗量分别按缝宽 5mm、10mm 和 20mm 考虑，如灰缝不同或灰缝超过 20mm 以上者，其块料和灰缝材料（水泥砂浆 1：1）用量允许调整，其他不变。

（5）镶贴块料及装饰抹灰的"零星项目"适用于挑檐、天沟、腰线、窗台线、门窗套、压顶、扶手、雨篷周边等。

（6）木龙骨基层是按双向计算的，若设计为单向时，材料、人工用量乘以系数 0.55。

（7）定额中木材种类除注明者外，均以一、二类木种为准，例如采用三、四类木种时，人工及机械乘以系数 1.3。

（8）面层、隔墙（间壁）、隔断（护壁）定额内，除注明者外均未包括压条、收边、装饰线（板），如设计要求时，应按定额中相应子目执行。

（9）面层、木基层均未包括刷防火涂料，如设计要求时，应按定额中相应的子目执行。

（10）玻璃幕墙设计有平开、推拉窗者，仍执行幕墙定额，窗型材、窗五金相应增加，其他不变。

（11）玻璃幕墙中的玻璃按成品玻璃考虑，幕墙中的避雷装置、防火隔离层定额已综合，但幕墙的封边、封顶的费用另行计算。

（12）隔墙（间壁）、隔断（护壁）、幕墙等定额中的龙骨间距、规格如与设计不同时，定额用量允许调整。

3.4.2 墙、柱面工程工程量计算规则

（1）外墙面装饰抹灰面积，按垂直投影面积计算，扣除门窗洞口和 0.3m² 以上的孔洞所占的面积，门窗洞口及孔洞侧壁面积亦不增加。附墙柱侧面抹灰面积并入外墙抹灰面积的工程量内。

（2）柱抹灰按结构断面周长乘以高度计算。

（3）女儿墙（包括泛水、挑砖）、阳台栏板（不扣除花格所占孔洞面积）内侧抹灰按垂直投影面积乘以系数 1.10，带压顶者乘系数 1.30 按墙面定额执行。

（4）"零星项目"按设计图示尺寸以展开面积计算。

（5）墙面贴块料面层，按实贴面积计算。

（6）墙面贴块料、饰面高度在 300mm 以内者，按踢脚板定额执行。

（7）柱饰面面积按外围饰面尺寸乘以高度计算。

（8）挂贴大理石、花岗石中其他零星项目的花岗石、大理石是按成品考虑的，花岗石、大理石柱墩、柱帽按最大外径周长计算。

（9）除定额已列有柱帽、柱墩的项目外，其他项目的柱帽、柱墩工程量按设计图示尺寸以展开面积计算，并入相应柱面积内，每个柱帽或柱墩另增人工：抹灰 0.25 工日，块料 0.38 工日，饰面 0.5 工日。

（10）隔断按墙的净长乘净高计算，扣除门窗洞口及 0.3m² 以上的孔洞所占面积。

（11）全玻隔断的不锈钢边框工程量按边框展开面积计算。

（12）全玻隔断、全玻幕墙如有加强肋者，工程量按其展开面积计算；玻璃幕墙、铝板幕墙以框外围面积计算。

（13）装饰抹灰分格、嵌缝按装饰抹灰面积计算。

【例 3-44】 如图 3-69 所示，计算外墙面水刷石装饰抹灰的工程量（柱垛侧面宽 120mm）。

【解】

工程量 $= 4.3 \times (3.1 + 3.5) - 3.1 \times 1.65 - 1.2 \times 1.8 + (0.72 + 0.12 \times 2) \times 4.3 = 25.23 (\text{m}^2)$

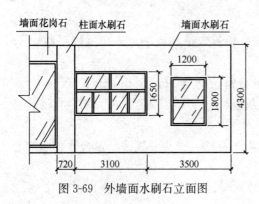

图 3-69 外墙面水刷石立面图

【例 3-45】 如图 3-70 所示，花岗石窗台板宽为 180mm，计算宽为 1.3m 的花岗石窗台板的工程量。

【解】

工程量：$0.18 \times 1.3 = 0.23 (m^2)$

【例 3-46】 已知某砖结构柱子，柱高 2.6m，如图 3-71 所示，计算柱面水泥砂浆的工程量。

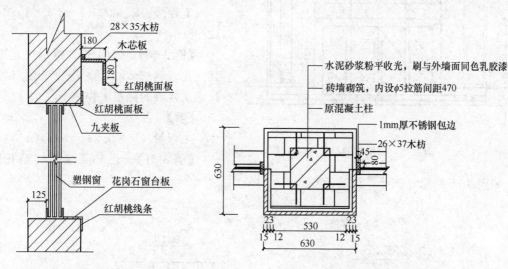

图 3-70 花岗石窗台板示意图

图 3-71 砖结构加大柱子方案

【解】

工程量：$0.63 \times 4 \times 2.6 = 6.55 (m^2)$

【例 3-47】 如图 3-72 所示墙面 78×34 英国棕花岗石线条，试计算其工程量。

【解】 工程量：1.3m

【例 3-48】 已知一圆柱，高为 2.6m，如图 3-73 所示，试计算挂贴柱面花岗石及成品花岗石线条工程量。

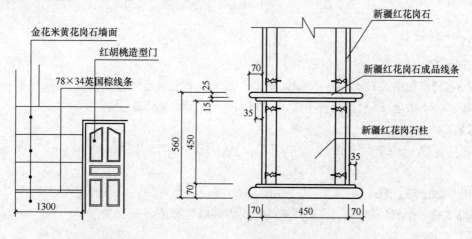

图 3-72 英国棕线条大样图　　图 3-73 挂贴面花岗石柱成品花岗石线条大样图

【解】

挂贴花岗石柱的工程量：$\pi \times 0.45 \times 2.6 = 3.67 (m^2)$

挂贴花岗石零星项目：$\pi \times (0.45 + 0.07 \times 2) \times 2 + \pi \times (0.45 + 0.035 \times 2) \times 2 = 6.97 (m)$

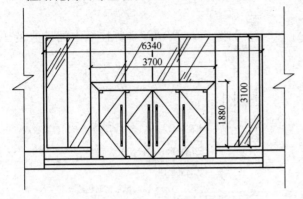

图 3-74　玻璃幕墙示意

【例 3-49】　如图 3-74 所示一玻璃幕墙，试计算其工程量。

【解】

工程量：$6.43 \times 3.1 - 3.7 \times 1.88 = 12.98 (m^2)$

【例 3-50】　如图 3-75 所示一建筑，其女儿墙侧长 28m，高为 0.73m，试计算该女儿墙的抹灰工程量。

【解】

工程量：$28 \times 0.73 = 20.44 (m^2)$

【例 3-51】　已知某墙面挂贴花岗石，如图 3-76 所示，试计算其工程量。

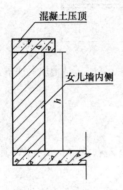

图 3-75　女儿墙内
侧示意

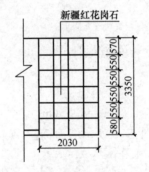

图 3-76　墙面挂贴
花岗石立面图

【解】

工程量：$2.03 \times 3.35 = 6.80 (m^2)$

【例 3-52】　如图 3-77 所示一房屋，外墙为混凝土墙面，设计为水刷白石子（10mm 厚水泥砂浆 1∶3，8mm 厚水泥白石子浆 1∶1.5），计算所需工程量。

【解】

工程量：$(7.1 + 0.1 \times 2 + 5.3 + 0.1 \times 2) \times 2 \times (3.98 + 0.28) - 1.6 \times 1.6 \times 4 - 0.80 \times 2.40 = 95.19 (m^2)$

套用装饰定额：2-005

【例 3-53】　如图 3-78 所示，试计算此建筑物外墙装饰嵌缝工程量。

【解】

工程量：$9.6 \times 7.8 = 74.88 (m^2)$

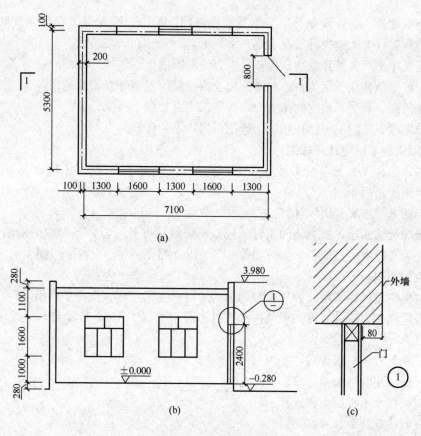

图 3-77　某房屋示意

（a）平面图；（b）1—1 剖面图；（c）详图

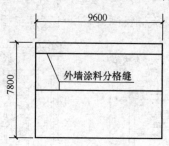

图 3-78　外墙涂料分格缝示意

3.5　天棚工程

3.5.1　天棚工程定额说明

（1）天棚工程定额除部分项目为龙骨、基层、面层合并列项外，其余均为顶棚龙骨、基层、面层分别列项。

（2）龙骨的种类、间距、规格和基层、面层材料的型号、规格是按常用材料和常用做法考虑的，如设计要求不同时，材料可以调整，但人工、机械不变。

（3）顶棚面层在同一标高者为平面顶棚，顶棚面层不在同一标高者为跌级顶棚（跌级顶棚其面层人工乘系数 1.1）。

（4）轻钢龙骨、铝合金龙骨定额中为双层结构（即中、小龙骨紧贴大龙骨底面吊挂），如为单层结构时（大、中龙骨底面在同一水平上），人工乘 0.85 系数。

（5）定额中平面顶棚和跌级顶棚指一般直线型顶棚，不包括灯光槽的制作安装。灯光槽制作安装应按定额相应子目执行。艺术造型顶棚项目中包括灯光槽的制作安装。

（6）龙骨架、基层、面层的防火处理，应按定额相应子目执行。

（7）顶棚检查孔的工料已包括在定额项目内，不另计算。

3.5.2 天棚工程工程量计算规则

（1）各种吊顶顶棚龙骨按主墙间净空面积计算，不扣除间壁墙、检查洞、附墙烟囱、柱、垛和管道所占面积。

（2）天棚基层按展开面积计算。

（3）天棚装饰面层，按主墙间实钉（胶）面积以平方米计算，不扣除间壁墙、检查洞、附墙烟囱、垛和管道所占面积，但应扣除 0.3m² 以上的孔洞、独立柱、灯槽及与天棚相连的窗帘盒所占的面积。

（4）定额中龙骨、基层、面层合并列项的子目，工程量计算规则参考第（1）条。

（5）板式楼梯底面的装饰工程量按水平投影面积乘以 1.15 系数计算，梁式楼梯底面按展开面积计算。

（6）灯光槽按延长米计算。

（7）保温层按实铺面积计算。

（8）网架按水平投影面积计算。

（9）嵌缝按延长米计算。

【例 3-54】 某酒店一客房如图 3-79 所示，试计算其龙骨工程量。

【解】 工程量：$(5.8-0.13-0.08)×(3.4-0.08×2)=18.11(m^2)$

【例 3-55】 如图 3-80 所示一天棚钢网架，试计算其工程量。

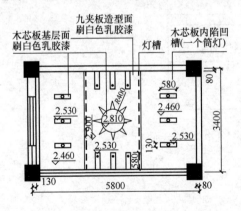
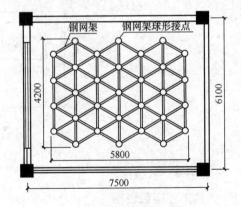

图 3-79　天棚造型吊顶　　　　　图 3-80　天棚钢网架投影图

【解】 工程量：$4.2×5.8=24.36(m^2)$

【例 3-56】 如图 3-81 所示一酒店大包房天花板，试计算其九夹板基础工程量。

【解】

工程量：整个面积：$(8.1-0.09-0.13)×(6.85-0.09×2)=52.56(m^2)$

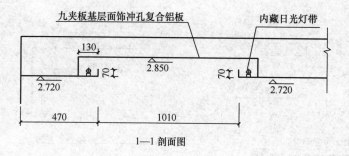

1—1 剖面图

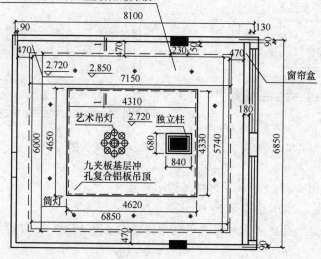

图 3-81 天棚造型吊顶

窗帘盒面积：$0.18 \times (6.85 - 0.9 \times 2) = 1.20 (m^2)$

筒灯面积小于 $0.3m^2$，不扣除；柱垛面积不必扣除；独立柱必须扣除，故：

独立柱面积：$0.84 \times 0.68 = 0.57 (m^2)$

九夹板立面展开部分面积：$(2.85 - 2.72) \times [(7.15 + 6) \times 2 + (4.31 + 4.33) \times 2] + 0.07 \times [(6.85 + 5.74) \times 2 + (4.65 + 4.62) \times 2] + [(7.15 \times 6 - 6.85 \times 5.74) + (4.65 \times 4.62 - 4.31 \times 4.33)] = 15.13 (m^2)$

天棚九夹板基层面积：$52.56 - 1.20 - 0.57 + 17.73 = 68.52 (m^2)$

【例 3-57】 试计算如图 3-82 所示的袋装矿棉的工程量。

【解】

工程量：$[(3.4 - 0.16) \times (5.8 - 0.13 - 0.08)] - (3.2 + 1.3) \times 2 \times 0.27 = 15.68 (m^2)$

【例 3-58】 如图 3-83 所示一酒店包房吊顶，试计算其吊顶面层工作量。

【解】

顶棚面层工作量：$(5.25 - 0.08 - 0.13) \times (3.4 - 0.08 \times 2) = 16.33 (m^2)$

窗帘盒面积：$0.12 \times (3.4 - 0.08 \times 2) = 0.39 (m^2)$

展开面积：$[(2.67 - 2.58) + (2.8 - 2.67) + 0.13 + 0.07] \times (3.4 - 0.08 \times 2) = 1.36 (m^2)$

天棚面层实际工程量：$16.33 - 0.38 + 1.36 = 17.31 (m^2)$

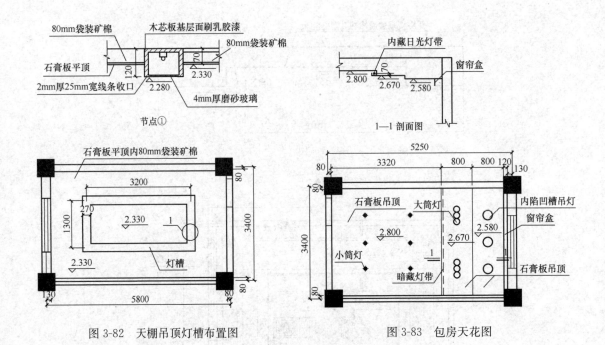

图 3-82　天棚吊顶灯槽布置图　　　　　　图 3-83　包房天花图

【例 3-59】 如图 3-82 所示，计算灯光槽工程量。

【解】 工程量：$(3.2+1.3)\times2=9(m)$

【例 3-60】 某办公楼楼层走廊吊顶平面布置如图 3-84 所示，试计算吊顶所需工程量。

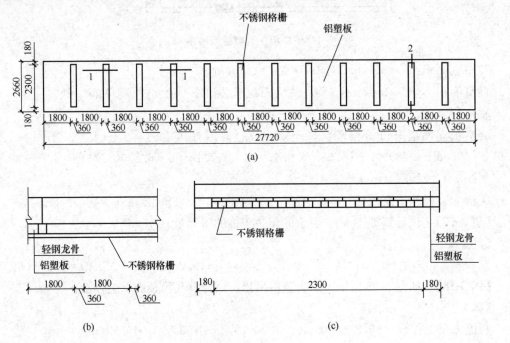

图 3-84　某办公楼楼层走廊吊顶平面布置

(a) 平面图；(b) 1—1 剖面图；(c) 2—2 剖面图

【解】

（1）轻钢龙骨工程量：$27.72 \times 2.66 = 73.74(m^2)$

套用装饰定额：3-025

（2）面层嵌入式不锈钢格栅工程量：$0.36 \times 2.3 \times 12 = 9.94(m^2)$

套用定额：3-140

（3）面层铝合金穿孔面板工程量：$27.72 \times 2.66 - 0.36 \times 2.3 \times 12 = 63.80(m^2)$

套用定额：3-112

【例 3-61】 如图 3-85 所示，某酒店包房房间顶棚为垂直铝片吊顶，试计算其工程量。

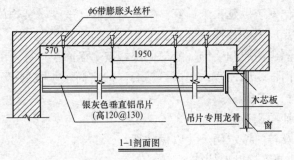

1—1剖面图

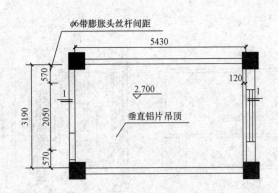

图 3-85 垂直铝片吊顶天棚

【解】 工程量：$5.43 \times 3.19 - 0.12 \times 3.19 = 16.94(m^2)$

3.6 门窗工程

3.6.1 门窗工程定额说明

（1）铝合金门窗制作、安装项目不分现场或施工企业附属加工厂制作，均执行《全国统一建筑装饰装修工程消耗量定额》。

（2）铝合金地弹门制作型材（框料）按 101.6mm×44.5mm、厚 1.5mm 方管制定，单扇平开门、双扇平开窗按 38 系列制定，推拉窗按 90 系列（厚 1.5mm）制定。如实际采用的型材断面及厚度与定额取定规格不符者，可按图示尺寸乘以密度加 6% 的施工耗损计算型材重量。

（3）装饰板门扇制作安装按木龙骨、基层、饰面板面层分别计算。

（4）成品门窗安装项目中，门窗附件按包含在成品门窗单价内考虑；铝合金门窗制作、安装项目中未含五金配件，五金配件按《全国统一建筑装饰装修工程消耗量定额》附表选用。

3.6.2 门窗工程工程量计算规则

（1）铝合金门窗、彩板组角门窗、塑钢门窗安装均按洞口面积以平方米计算。纱窗制作安装按扇外围面积计算。

（2）卷闸门安装按其安装高度乘以门的实际宽度以平方米计算。安装高度算至滚筒顶点为准。带卷闸罩的按展开面积增加。电动装置安装以套计算，小门安装以个计算，小门面积不扣除。

（3）防盗门、防盗窗、不锈钢格栅门按框外围面积以平方米计算。

（4）成品防火门以框外围面积计算，防火卷帘门从地（楼）面算至端板顶点乘以设计宽度。

（5）实木门框制作安装以延长米计算。实木门扇制作安装及装饰门扇制作按扇外围面积计算。装饰门扇及成品门扇安装按扇计算。

（6）木门扇皮制隔声面层和装饰板隔声面层，按单面面积计算。

（7）不锈钢板包门框、门窗套、花岗石门套、门窗筒子板按展开面积计算。门窗贴脸、窗帘盒、窗帘轨按延长米计算。

（8）窗台板按实铺面积计算。

（9）电子感应门及转门按定额尺寸以樘计算。

（10）不锈钢电动伸缩门以樘计算。

【例 3-62】 已知一居室平面图，如图 3-86 所示，试计算 C1 窗工程量。

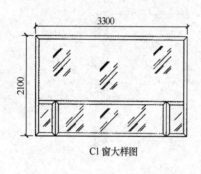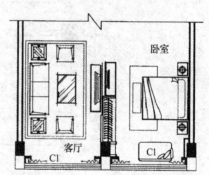

图 3-86　居室平面图

【解】 C1 窗工程量：$2.1 \times 3.3 \times 2 = 13.86$（$m^2$）

【例 3-63】 已知某酒店窗台板为英国棕花岗石，窗台长 2.6m，如图 3-87 所示，计算其窗台板的工程量。

【解】 窗台板工程量：$0.165 \times 2.6 = 0.43$（m^2）

【例 3-64】 已知某汽车维修车间门为卷闸门，如图 3-88 所示，经安装时测量，卷筒罩展开面积为 $2.7m^2$，试计算其工程量。

【解】

工程量：$4.9 \times 2.6 + 2.7 = 15.44$（$m^2$）

【例 3-65】 某办公楼房间门贴脸及门套图如图 3-89 所示，试计算其工程量。

【解】

门贴脸工程量：$[(2.03 + 0.08) \times 2 + 0.8] \times 2 = 10.04$（$m^2$）

门套工程量：$0.27 \times (2.03 \times 2 + 0.8) = 1.31$（$m^2$）

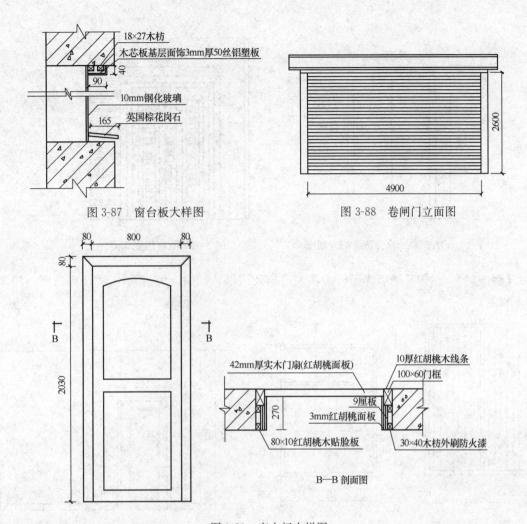

图 3-87　窗台板大样图

图 3-88　卷闸门立面图

图 3-89　实木门大样图

【例 3-66】　如图 3-90 所示一双开防火门，试计算其工程量。

【解】

工程量：$1.3 \times 1.9 = 2.47$（m²）

【例 3-67】　已知某 KTV 大门面层为隔声饰面板，如图 3-91 所示，试计算其隔声面层工程量。

【解】

工程量：$2.26 \times 1.48 = 3.34$（m²）

【例 3-68】　已知一车间安装塑钢门窗，门洞口尺寸为 1800mm×2400mm，窗洞口尺寸为 1500mm×2100mm，不带纱扇，如图 3-92 所示，计算其门窗安装需用量。

【解】

（1）塑钢门工程量：$1.80 \times 2.40 = 4.32$（m²）

套用定额：4-044

（2）塑钢窗工程量：$1.50 \times 2.10 = 3.15$（m²）

套用定额：4-045

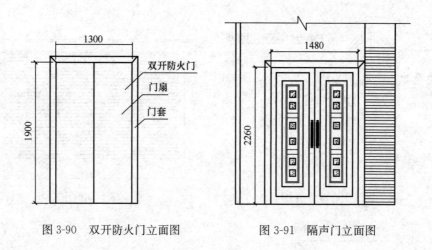

图 3-90 双开防火门立面图   图 3-91 隔声门立面图

【例 3-69】 已知某酒店客房门为实木门扇及门框，如图 3-93 所示，试计算门框与门扇的工程量。

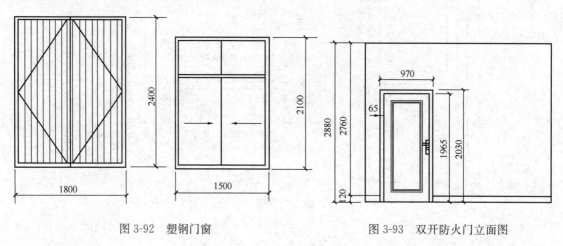

图 3-92 塑钢门窗   图 3-93 双开防火门立面图

【解】

实木门框制作安装工程量：$2.03 \times 2 + (0.97 - 0.065 \times 2) = 4.9$（m）

门扇制作安装工程量：$1.965 \times (0.97 - 0.065 \times 2) = 1.65$（m²）

3.7 油漆、涂料、裱糊工程

3.7.1 油漆、涂料、裱糊工程定额说明

（1）定额中刷涂、刷油采用手工操作；喷塑、喷涂采用机械操作。操作方法不同时，不予调整。

（2）油漆浅、中、深各种颜色，已综合在定额内，颜色不同，不另调整。

（3）定额已综合考虑在同一平面上的分色及门窗内外分色问题。如需做美术图案者，另行计算。

（4）定额内规定的喷、涂、刷遍数与要求不同时，可按每增加一遍定额项目进行调整。

（5）喷塑（一塑三油）、底油、装饰漆、面油，其规格划分如下：

1）大压花：喷点压平，点面积在 1.2cm² 以上。

2）中压花：喷点压平，点面积在 1～1.2cm²。

3）喷中点、幼点：喷点面积在 1cm² 以下。

（6）定额中的双层木门窗（单裁口）是指双层框扇。三层二玻一纱窗是指双层框三层扇。

（7）定额中的单层木门刷油是按双面刷油考虑的，如采用单面刷油，其定额含量乘以 0.49 系数计算。

（8）定额中的木扶手油漆按不带托板考虑。

3.7.2 油漆、涂料、裱糊工程工程量计算规则

（1）楼地面、天棚、墙、柱、梁面的喷（刷）涂料、抹灰面油漆及裱糊工程，均按表 3-2～表 3-6 相应的计算规则计算。

（2）木材面的工程量分别按表 3-2～表 3-6 相应的计算规则计算。

（3）金属构件油漆的工程量按构件重量计算。

（4）定额中的隔断、护壁、柱、天棚木龙骨及木地板中木龙骨带毛地板，刷防火涂料工程量计算规则如下：

1）隔墙、护壁木龙骨按面层正立面投影面积计算。

2）柱木龙骨按其面层外围面积计算。

3）天棚木龙骨按其水平投影面积计算。

4）木地板中木龙骨及木龙骨带毛地板按地板面积计算。

5）隔墙、护壁、柱、天棚面层及木地板刷防火涂料，执行其他木材刷防火涂料子目。

6）木楼梯（不包括底面）油漆，按水平投影面积乘以 2.3 系数，执行木地板相应子目。

表 3-2　执行木门定额工程量系数表

项 目 名 称	系 数	工程量计算方法
单层木门	1.00	
双层(一玻一纱)木门	1.36	
双层(单裁口)木门	2.00	按单面洞口面积计算
单层全玻门	0.83	
木百叶门	1.25	

注：本表为木材油漆面。

表 3-3　执行木窗定额工程量系数表

项 目 名 称	系 数	工程量计算方法
单层玻璃窗	1.00	
双层(一玻一纱)木窗	1.36	
双层框扇(单裁口)木窗	2.00	
双层框三层(二玻一纱)木窗	2.60	按单面洞口面积计算
单层组合窗	0.83	
双层组合窗	1.13	
木百叶窗	1.50	

注：本表为木材油漆面。

表 3-4　执行木扶手定额工程量系数表

项 目 名 称	系 数	工程量计算方法
木扶手(不带托板)	1.00	按延长米计算
木扶手(带托板)	2.60	
窗帘盒	2.04	
封檐板、顺水板	1.74	
挂衣板、黑板框、单独木线条100mm以外	0.52	
挂镜线、窗帘棍、单独木线条100mm以内	0.35	

注：本表为木材油漆面。

表 3-5　执行其他木材面定额工程量系数表

项 目 名 称	系 数	工程量计算方法
木板、纤维板、胶合板天棚	1.00	长×宽
木护墙、木墙裙	1.00	
窗帘板、筒子板、盖板、门窗套、踢脚线	1.00	
清水板条天棚、檐口	1.07	
木方格吊顶天棚	1.20	
吸声板墙面、天棚面	0.87	
暖气罩	1.28	
木间壁、木隔断	1.90	单面外围面积
玻璃间壁露明墙筋	1.65	
木栅栏、木栏杆(带扶手)	1.82	
衣柜、壁柜	1.00	按实刷展开面积
零星木装修	1.10	展开面积
梁柱饰面	1.00	展开面积

注：本表为木材油漆面。

表 3-6　抹灰面油漆、涂料、糊裱工程量系数表

项 目 名 称	系 数	工程量计算方法
混凝土楼梯底(板式)	1.15	水平投影面积
混凝土楼梯底(梁式)	1.00	展开面积
混凝土花格窗、栏杆花饰	1.82	单面外围面积
楼地面、天棚、墙、柱、梁面	1.00	展开面积

注：本表为抹灰面油漆、涂料、糊裱。

【例 3-70】　已知某办公楼一楼楼梯间窗户为混凝土花格窗，如图 3-94 所示，试计算其涂料工程量。

【解】　工程量：$1.5 \times 2.1 \times 1.82 = 5.73$（$m^2$）

【例 3-71】　已知某酒店装饰柱面木龙骨涂防火涂料，如图 3-95 所示，试计算其工程量。

【解】　工程量：$0.4 \times 4 \times 2.8 = 4.48$（$m^2$）

【例 3-72】　已知一双层（一玻一纱）木窗，洞口尺寸为 1000mm×1400mm，共 10 樘，

设计为刷润油粉一遍，刮腻子，刷调和漆一遍，磁漆两遍，如图 3-96 所示，试计算木窗油漆工程量。

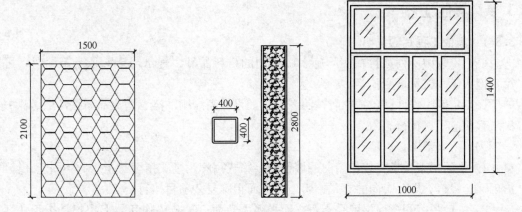

图 3-94　混凝土花格窗立面图　　图 3-95　装饰柱木龙骨大样图　　图 3-96　一玻一纱双层木窗

【解】　执行木窗油漆定额，按单面洞口面积计算系数为 1.36。

工程量：$1 \times 1.4 \times 10 \times 1.36 = 19.04$（$m^2$）

套用装饰定额：5-010

【例 3-73】　已知某办公楼会议室双开门节点图，如图 3-97 所示，门洞尺寸为宽 1.2m×高 2.1m，墙厚 240mm，分别计算其门套、门贴脸、门扇、门线条的油漆工程量。

【解】

门扇油漆工程量：$1.2 \times 2.1 = 2.52$（m^2）

门套油漆工程量：$0.24 \times (1.2 + 2.1 \times 2) = 1.30$（$m^2$）

贴脸油漆工程量：$(1.2 + 2.1 \times 2) \times 2 \times 0.35 = 3.78$（m）

胡桃木油漆工程量：$[(1.2 + 2.1 \times 2) + 2.1 \times 2] \times 0.35 = 3.36$（m）

【例 3-74】　某仓库窗扇装有防盗钢窗栅，四周外框及两横档为 30×30×2.5 角钢，30 角钢 1.18kg/m，中间为 26 根 $\phi8$ 钢筋，$\phi8$ 钢筋 0.395kg/m，如图 3-98 所示，试计算油漆工程量（已知计算窗栅的工程量时，需乘以 1.71）。

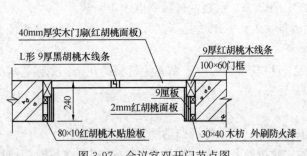

图 3-97　会议室双开门节点图　　　图 3-98　防盗窗窗栅立面图

【解】

30 角钢长度：$1 \times 4 + 1.9 \times 2 = 7.8$（m）

$\phi8$ 钢筋长度：$1.9 \times 26 = 49.4$（m）

质量：1.18×7.8＋0.395×49.4＝28.72（kg）

窗栅油漆工程量：28.72×1.71＝49.11（kg）＝0.049（t）

3.8 其他工程

3.8.1 其他工程定额说明

（1）定额中所列项目在实际施工中使用的材料品种、规格与定额取定不同时，可以换算，但人工、材料不变。

（2）定额中铁件已包括刷防锈漆一遍，如设计需涂刷油漆、防火涂料按油漆、涂料、裱糊工程相应子目执行。

（3）招牌基层：

1）平面招牌是指安装在门前的墙面上；箱式招牌、竖式招牌是指六面体固定在墙面上；沿雨篷、檐口、阳台走向的立式招牌，按平面招牌复杂项目执行。

2）一般招牌和矩形招牌是指正立面平整无凸面；复杂招牌和异形招牌是指正立面有凹凸造型。

3）招牌的灯饰均不包括在定额内。

（4）美术字安装：

1）美术字均以成品安装固定为准。

2）美术字不分字体均执行定额。

（5）装饰线条：

1）木装饰线、石膏装饰线均以成品安装为准。

2）石材装饰线条均以成品安装为准。石材装饰线条磨边、磨圆角均包括在成品的单价中，不再另计。

（6）石材磨边、磨斜边、磨半圆边及台面开孔子目均为现场磨制。

（7）装饰线条以墙面上直线安装为准，如天棚安装直线型、圆弧形或其他图案者，按以下规定计算：

1）天棚面安装直线装饰线条，人工乘以1.34系数。

2）天棚面安装圆弧装饰线条，人工乘以1.6系数，材料乘以1.1系数。

3）墙面安装圆弧装饰线条，人工乘以1.2系数，材料乘以1.1系数。

4）装饰线条做艺术图案者，人工乘以1.8系数，材料乘以1.1系数。

（8）暖气罩挂板式是指钩挂在暖气片上；平墙式是指凹入墙内，明式是指凸出墙面；半凹半凸式按明式定额子目执行。

（9）货架、柜类定额中未考虑面板拼花及饰面板上贴其他材料的花饰、造型艺术品。

3.8.2 其他工程工程量计算规则

（1）招牌、灯箱

1）平面招牌基层按正立面面积计算，复杂性的凹凸造型部分亦不增减。

2）沿雨篷、檐口或阳台走向的立式招牌基层，按平面招牌复杂项目执行时，应按展开面积计算。

3）箱体招牌和竖式标箱的基层，按外围体积计算。突出箱外的灯饰、店徽及其他艺术装潢等均另行计算。

4）灯箱的面层按展开面积以 m² 计算。

5）广告牌钢骨架以"吨"计算。

（2）美术字安装按字的最大外围矩形面积以"个"计算。

（3）压条、装饰线条均按延长米计算。

（4）暖气罩（包括脚的高度在内）按边框外围尺寸垂直投影面积计算。

（5）镜面玻璃安装、盥洗室木镜箱以正立面面积计算。

（6）塑料镜箱、毛巾环、肥皂盒、金属帘子杆、浴缸拉手、毛巾杆安装以"只"或"副"计算。不锈钢旗杆以延长米计算。大理石洗漱台以台面投影面积计算（不扣除空洞面积）。

（7）货架、柜橱类均以正立面的高（包括脚的高度在内）乘以宽，以 m² 计算。

（8）收银台、试衣间等以个计算，其他以延长米为单位计算。

（9）拆除工程量按拆除面积或长度计算，执行相应子目。

【例 3-75】 如图 3-99 所示，已知钢管密度为 7.85g/cm^3，试计算工程量：

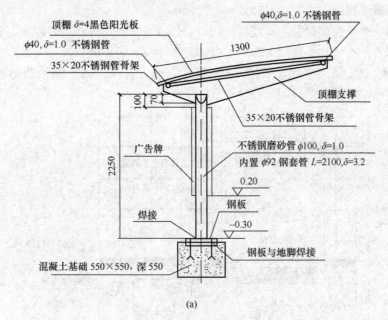

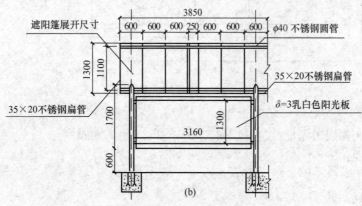

图 3-99 车站广告牌计算示意图

（a）侧立面图；（b）正投影图

（1）顶棚黑色阳光板工程量。

（2）顶棚 $\phi 40$ 不锈钢圆管工程量和 35×20 不锈钢扁管工程量。

（3）广告牌乳白色阳光板工程量。

（4）广告牌立柱 $\phi 100, \delta = 1.0$ 的不锈钢磨砂管工程量。

（5）广告牌 $\phi 100$ 立柱内置的 $\phi 92, \delta = 3.2$ 钢套管工程量。

【解】

（1）工程量：$1.3 \times 3.85 = 5.005$（m^2）

（2）钢管密度为 $7.85 g/cm^3 = 7850$（kg/m^3）

$\phi 40$ 不锈钢圆管工程量：

$3.85 \times 2 \times 3.14 \times 0.04 \times 0.001 \times 7850 = 7.59$（kg）

35×20 不锈钢扁管工程量：

$(3.85 \times 2 + 1.1 \times 7) \times (0.035 + 0.02) \times 2 \times 0.001 \times 7850 = 13.3$（kg）

（3）阳光板工程量：$1.3 \times 3.16 \times 2 = 8.22$（$m^2$）

（4）不锈钢磨砂管工程量：$2.25 \times 2 \times 3.14 \times 0.1 \times 0.001 \times 7850 = 11.09$（kg）

（5）钢套管工程量：$2.1 \times 2 \times 3.14 \times 0.092 \times 0.0032 \times 7850 = 30.48$（kg）

【例 3-76】 已知某卫生间，如图 3-100 所示，试计算其镜面不锈钢装饰线、石材装饰线、镜面玻璃的工程量。

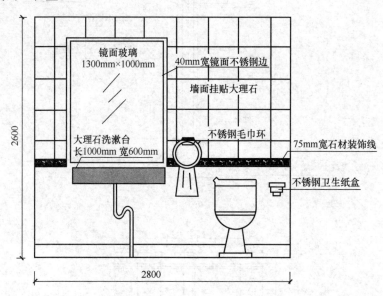

图 3-100 卫生间示意图

【解】

镜面不锈钢装饰线工程量：$2 \times (1 + 2 \times 0.04 + 1.3) = 4.76$(m)

套用装饰定额：6-064

石材装饰线工程量：$3 - (1 + 0.04 \times 2) = 1.92$（m）

套用装饰定额：6-087

镜面玻璃工程量：$1 \times 1.3 = 1.3$（m^2）

套用装饰定额：6-112

【例 3-77】 某酒店豪华套房如图 3-101 所示，试计算其暖气罩工程量。

【解】 暖气罩工程量：$0.62 \times 0.7 = 0.43$（m^2）

【例 3-78】 某酒店大堂收银台俯视图、剖视图及立面图如图 3-102 所示，试计算其收银台制作工程量。

【解】 工程量：$1.2 + 3.97 = 5.17$（m）

【例 3-79】 某酒店卫生间立面图如图 3-103 所示，试计算其银镜工程量。

【解】 工程量：$0.7 \times 1.6 = 1.12$（m^2）

【例 3-80】 某浴池浴柜如图 3-104 所示，试计算浴柜工程量。

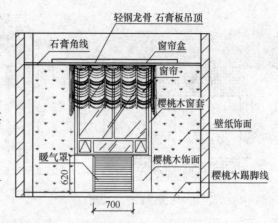

图 3-101　豪华套房立面图

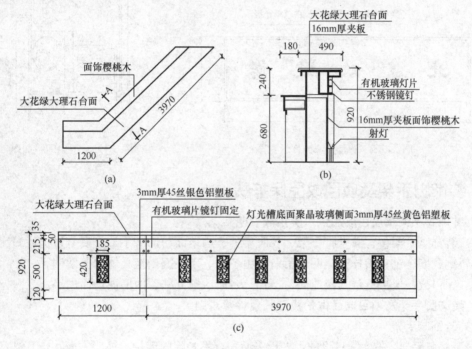

图 3-102　大堂收银台
（a）俯视图；（b）剖面图；（c）立面图

【解】 工程量 $= 1.88 \times 2.61 = 4.91$（$m^2$）

【例 3-81】 如图 3-105 所示一平面招牌示意图，试计算墙面招牌上美术字工程量。

【解】

墙面招牌上美术字工程量 $= 5$ 个

【例 3-82】 某酒店卫生间平面图如图 3-106 所示，试计算其盥洗台的工程量。

【解】

工程量：$0.5 \times 0.8 = 0.4$（m^2）

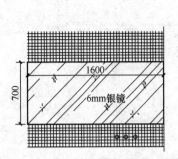

图 3-103　卫生间墙面银镜正立面图

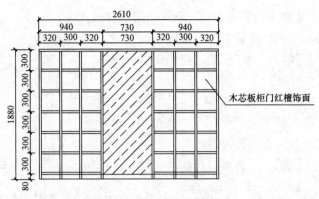

图 3-104　浴池浴柜样式图

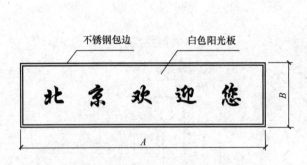

图 3-105　平面招牌计算示意图

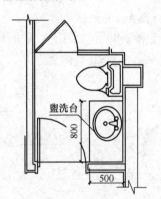

图 3-106　卫生间平面图

3.9　装饰脚手架及项目成品保护费

3.9.1　装饰脚手架及项目成品保护费定额说明

(1) 装饰脚手架包含满堂脚手架、外脚手架、内墙面粉饰脚手架，安全过道、封闭式安全笆、斜挑式安全笆、满挂安全网。吊篮架由各省、市根据当地具体情况编制。

(2) 项目成品保护费包括楼地面、楼梯、台阶、独立柱、内墙面饰面面层。

3.9.2　装饰脚手架及项目成品保护费工程量计算规则

(1) 装饰脚手架

1) 满堂脚手架，按实际搭设的水平投影面积，不扣除附墙柱、柱所占面积，其基本层高以 3.6～5.2m 为准。凡超过 3.6m 且在 5.2m 以内的天棚抹灰及装饰，应计算满堂脚手架基本层；层高超过 5.2m，每增加 1.2m 计算一个增加层，增加层的层数＝(层高－5.2m)/1.2m，按四舍五入取整数。室内凡计算满堂脚手架的，其内墙面粉饰不再计算粉饰架，只按每 $100m^2$ 墙面垂直投影面积增加改架工 1.28 工日。

2) 装饰外脚手架，按外墙的外边线长乘以墙高以 m^2 计算，不扣除门窗洞口的面积。同一个建筑物各面墙的高度不同，且不在同一定额布距内时，应分别计算工程量。定额中所指的檐口高度 5～45m 以内，是指建筑物自设计室外地坪至外墙顶面或构筑物顶面的高度。

3) 利用主体外脚手架改变其步高作外墙面装饰架时，按每 $100m^2$ 外墙面垂直投影面积，增加改架工 1.28 工日；独立柱按柱周长增加 3.6m 乘以柱高并套用装饰外脚手架相应高度的定额。

4）内墙面粉饰脚手架，均按内墙面垂直投影面积计算，不扣除门窗洞口的面积。

5）安全过道按实际搭设水平的投影面积（架宽×架长）计算。

6）封闭式安全笆按实际封闭的垂直投影面积计算。实际用封闭材料与定额不符时，不作调整。

7）斜挑式安全笆按实际搭设的（长×宽）斜面面积计算。

8）满挂安全网按实际满挂的垂直投影面积计算。

（2）项目成品保护工程量计算规则按各章节相应子目规则执行。

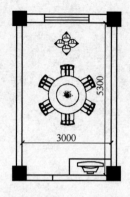

图 3-107　包房平面图

【例 3-83】　某酒店包房平面图如图 3-107 所示，该包房顶棚做吊顶，室内净高 3.9m，试计算其满堂脚手架工程量。

【解】　工程量：$3 \times 5.3 = 15.9$（m^2）

【例 3-84】　一单层建筑物，如图 3-108 所示，现对其进行装饰装修，试计算搭设脚手架。

【解】　搭设高度为 3.9m，因 3.6m＜3.9m＜5.2m，所以应计算满堂脚手架基本层；因（3.9－3.6）＝0.3m＜1.2m，所以不能计算增加层。

脚手架搭设面积：$(6.8+0.24) \times (4.4+0.24) = 32.67$（$m^2$）

【例 3-85】　某办公楼一层墙面图如图 3-109 所示，其石材装饰墙面净长为 28m，试计算其内墙装饰脚手架工程量。

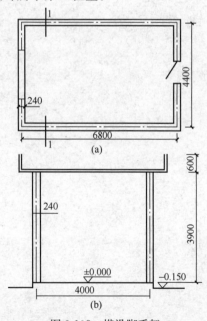

图 3-108　搭设脚手架
(a) 平面图；(b) 1—1 剖面图

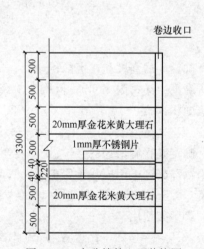

图 3-109　办公楼外立面装饰图

【解】　工程量：$28 \times 3.3 = 92.4$（m^2）

【例 3-86】　如图 3-110 所示一工业厂房，该厂房是一个高低联跨的单层厂房，垂直运输机采用塔吊，试计算综合脚手架费用（$P_6 = 210.9$ 元/100m^2，$P_1 = 62.3$ 元/100m^2）。

75

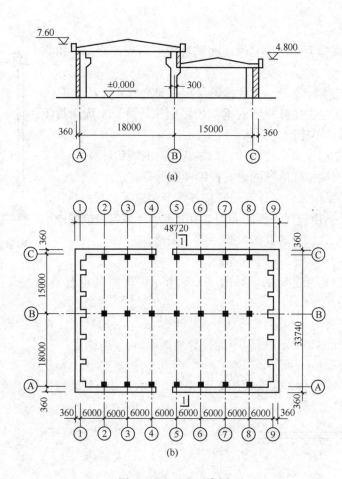

图 3-110 工业厂房图

(a) 剖面图；(b) 平面图

【解】

(1) 确定厂房高度和建筑面积

厂房高度：高跨为 7.6m，低跨为 4.8m

建筑面积：$S_{高}=48.72\times18.66=909.12$（$m^2$）

$S_{低}=48.72\times15.06=733.72$（$m^2$）

(2) 确定是否有增加层

高跨：7.6m＞6m，$N_{高}=7.6-6=1.6\approx2$（m）

低跨：4.8m＜6m，无增加层

(3) 脚手架费用

高跨：$P_{综高}=(P_6+P_1\times N_{高})S_{高}/100$

$=(210.9+62.3\times2)\times909.12/100$

$=3050.1$（元）

低跨：$P_{综低}=P_6\times S_{低}/100=210.9\times733.72/100=1547.42$（元）

【例 3-87】 某临街高层办公楼，为施工安全，对此楼施行垂直封闭，垂直封闭的长和高分别为 18m 和 9m，试计算垂直封闭的搭设工程量。

【解】 工程量＝18×9＝162（m²）

【例3-88】 某临街高层办公楼，为施工安全，沿街面上搭设了一排水平防护架，脚手板长度为9m，宽度为2.5m，试计算该水平防护架的工程量。

【解】 工程量＝2.5×9＝22.5（m²）

【例3-89】 某临街高层办公楼往返沿街面方向脚手架方向安设了立挂式安全网。实挂长度为9m，实挂高度为28m，试计算安全网的工程量。

【解】 工程量：9×28＝252（m²）

3.10 垂直运输及超高增加费

3.10.1 垂直运输工程量计算规则

1. 垂直运输费

（1）定额中不包括特大型机械进出场及安拆费。垂直运输费定额按多层建筑物和单层建筑物划分。多层建筑物又根据建筑物檐高和垂直运输高度细分为21个定额子目。单层建筑物按建筑物檐高分为两个定额子目。

（2）垂直运输高度：设计室外地坪以上部分是指室外地坪至相应地（楼）面的高度。设计室外地坪以下部分指室外地坪至相应地（楼）面的高度。

（3）单层建筑物檐高高度在3.6m以内时，不计算其垂直运输机械费。

（4）带一层地下室的建筑物，若地下室垂直运输高度小于3.6m，则地下室不计算垂直运输机械费。

（5）再次装饰利用电梯进行垂直运输或通过楼梯人力进行垂直运输的按实际计算。

2. 垂直运输工程量

装饰楼层（包括楼层所有装饰工程量）区别不同垂直运输高度（单层建筑物系檐口高度）按定额工日分别计算。

地下室超过二层或层高超过3.6m时，计取垂直运输费，其工程量按地下室全面积计算。

3.10.2 超高增加费计算规则

1. 超高增加费

（1）适用于建筑物檐高在20m以上的工程。

（2）檐高是指设计室外地坪至檐口的高度。突出主体建筑屋顶的电梯间、水箱间等不计入檐高之内。

2. 超高增加费工程量

装饰楼面（包括楼层所有装饰工程量）区别不同的垂直运输高度（单层建筑物是檐口高度）以人工费与机械费之和按百元为计量单位分别计算。

【例3-90】 如图3-111所示，某建筑物带二层地下室，室外地坪以上部分楼层装饰装修

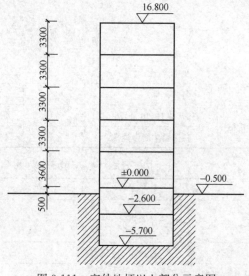

图3-111 室外地坪以上部分示意图

工程量总工日为 5000 工日，以下部分地下层的装饰装修全面积工日总数为 800 工日，计算该建筑物地下室垂直运输费。

【解】 建筑物设计室外地坪以上部分的垂直运输高度为：

$3.6+3.3×4+0.5=17.3$（m）

运输费工程量：50 百工日

套用装饰定额：8-001

该建筑物垂直运输费见表 3-7。

表 3-7　建筑物垂直运输费　　　　　　　单位：100 元

	名称	单位	定额含量	工程量	垂直运输费
机械	卷扬机、单筒慢速 5t	台班	2.92	50	146

建筑物设计室外地坪以下部分的垂直运输高度为：

$5.7-0.5=5.2$（m）

运输费工程量：8.0 百工日

套用装饰定额：8-001

该建筑物地下室垂直运输费见表 3-8。

表 3-8　建筑物地下室垂直运输费　　　　　　单位：100 元

	名称	单位	定额含量	工程量	垂直运输费
机械	卷扬机、单筒慢速 5t	台班	2.92	8.0	23.36

【例 3-91】　某多层建筑物檐口高度为 32m，其室内装修合计工日数 12 万工日，人工费为 400 万元，机械费为 142 万元，其他资料见表 3-9、表 3-10 所示，试计算该工程垂直运输工程量及超高增加费。

表 3-9　多层建筑物垂直运输费　　　　　　单位：100 工日

定 额 编 号				8-001	8-002	8-003
项　目				建筑物檐高（m 以内）		
				20	40	
				垂直运输高度（m）		
				20 以内	20~40	
	名　称	单位	代码	数　量		
机械	施工电梯（单笼）75m	台班	TM0001	—	1.4600	1.6200
	卷扬机单筒慢速 5t	台班	TM0001	2.9200	1.4600	1.6200

表 3-10　多层建筑物超高增加费　　　　　　单位：100 元

定 额 编 号			8-024	8-025	8-026	8-027	8-028
项　目			垂直运输高度（m）				
			20~40	40~60	60~80	80~100	100~120
名　称	单位	代码	数　量				
人工、机械降效系数	%	AW0570	9.3500	15.300	21.2500	28.0500	34.8500

【解】 垂直运输及超高增加费计算如下：

查定额 8-003，（单笼）75m 施工电梯为 1.6200 台班/100 工日，单筒慢速 5t 卷扬机为 1.6200 台班/工日，查定额 8-024，人工、机械降效系数为 9.3500%。

（1）垂直运输台班：

（单笼）75m 施工电梯：120000×1.6200/100＝1944（台班）

单筒慢速 5t 卷扬机：1944 台班

（2）超高增加费：(400＋142)×9.3500%＝50.68（元）

【例 3-92】 某酒店层数为 10 层，±0.00 以上高度为 34.9m，设计室外地坪为－0.50m，假设该建筑物所有装饰装修人工费之和为 240965 元，机械费之和为 5987 元，试计算该建筑物超高增加费。

【解】 该多层建筑物檐高为 34.9＋0.5＝35.4（m），在 40m 以内，因此套用定额 8-024，又因为建筑物超高增加费工程量是以人工费和机械费之和以 100 元为计量单位，所以此建筑物超高增加费工程量为：

(240965＋5987)÷100＝2469.52（百元）

此建筑物超高增加费见表 3-11。

表 3-11 超高增加费　　　　　　　　　　　　　　　　单位：100 元

名称	单位	定额含量	工程量	超高增加费
人工、机械降效系数	%	9.35	2469.52	23090.01

【例 3-93】 如图 3-112 所示一单层建筑物，其檐高 20.3m，该建筑物所有装饰装修人工费之和为 3059 元，机械费为 675 元，计算其超高增加费。

【解】 该单层建筑物檐高 20.3m 在 30m 以内，因此套用装饰定额 8-029，因为建筑物超高增加费工程量是以人工费和机械费之和以 100 元为计算单位，所以此建筑物超高增加费工程量为：

(3059＋675)÷100＝37.34（百元）

此建筑物超高增加费见表 3-12。

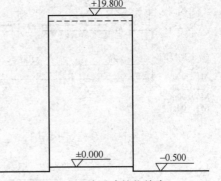

图 3-112　单层建筑物檐高

表 3-12 单层建筑物超高增加费　　　　　　　　　　　单位：100 元

名称	单位	定额含量	工程量	超高增加费
人工、机械降效系数	%	3.12	37.34	116.50

上岗工作要点

1. 了解建筑面积计算规则在实际工程中的应用。

2. 在实际工作中，掌握楼地面工程量，墙、柱面工程量，天棚工程量，门窗工程量，油漆、涂料、裱糊等工程量计算规则与计算方法，做到熟练应用。

思考题

3-1 建筑装饰工程量计算的依据有哪些?

3-2 什么是建筑面积? 计算建筑面积有何作用?

3-3 室内楼梯建筑面积如何计算?

3-4 阳台建筑面积如何计算?

3-5 扶手工程量如何计算?

3-6 防滑条工程量如何计算?

3-7 装饰抹灰中装饰线条和零星项目如何划分? 如何计算两者的工程量?

3-8 如何计算装饰脚手架及项目成品保护费?

3-9 如何计算垂直运输及超高增加费?

习　题

3-10 根据图 3-124,计算该建筑物室内地面面层工程量。

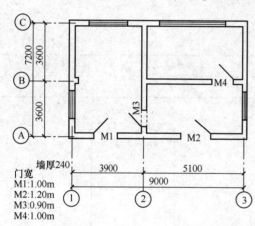

3-11 如图 3-125 所示,求住宅楼二层房间(不包括卫生间、厨房)及走廊地面找平层工程量(做法:C20 细石混凝土找平层厚度40mm)内外墙均为 240mm 厚。

3-12 根据图 3-126 计算花岗石踢脚线(非成品,120mm 高)的工程量。

3-13 根据图 3-127 尺寸,计算花岗石台阶面层工程量。

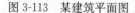

图 3-113　某建筑平面图

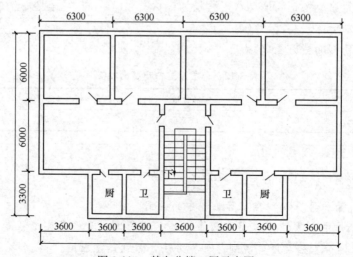

图 3-114　某办公楼二层示意图

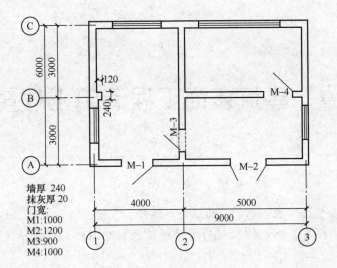

图 3-115 某建筑平面图

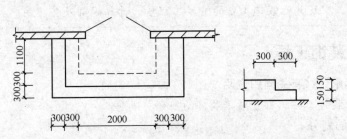

图 3-116 台阶示意图

第4章 建筑装饰工程清单工程量计算

```
┌─────────────────────────────────────────────────────────────┐
│                    重 点 提 示                                │
│                                                               │
│   1. 了解楼地面装饰工程，墙、柱面装饰与隔断、幕墙工程，天棚工   │
│ 程，门窗工程，油漆、涂料、裱糊工程及其他装饰工程的清单项目的划   │
│ 分与编码、清单工程量计算的问题说明。                          │
│   2. 掌握楼地面装饰工程，墙、柱面装饰与隔断、幕墙工程，天棚工   │
│ 程，门窗工程，油漆、涂料、裱糊工程及其他装饰工程的清单工程量的   │
│ 计算规则及其应用。                                            │
└─────────────────────────────────────────────────────────────┘
```

4.1 楼地面装饰工程

4.1.1 清单工程量计算有关问题说明

4.1.1.1 楼地面装饰工程工程量清单项目的划分与编码

1. 清单项目的划分

楼地面装饰工程按施工工艺、材料及部位可分为整体面层及找平层、块料面层、橡塑面层、其他材料面层、踢脚线、楼梯面层、台阶装饰、零星装饰项目。其适用于楼地面、楼梯、台阶等装饰工程。

各项目所包含的清单项目如下：

（1）整体面层及找平层（包括水泥砂浆楼地面、现浇水磨石楼地面、细石混凝土楼地面、菱苦土楼地面、自流坪楼地面、平面砂浆找平层）。

（2）块料面层（包括石材楼地面、碎石材楼地面、块料楼地面）。

（3）橡塑面层（包括橡胶板楼地面、橡胶板卷材楼地面、塑料板楼地面、塑料卷材楼地面）。

（4）其他材料面层（包括地毯楼地面、竹、木（复合）地板、金属复合地板及防静电活动地板）。

（5）踢脚线（包括水泥砂浆、石材、块料、塑料板、木质、金属、防静电踢脚线）。

（6）楼梯面层（包括石材、块料、拼碎块料、水泥砂浆、现浇水磨石、地毯、木板、橡胶板、塑料板楼梯面层）。

（7）台阶装饰（包括石材、块料、拼碎块料、水泥砂浆、现浇水磨石、剁假石台阶面）。

（8）零星装饰项目（包括石材、拼碎石材、块料、水泥砂浆零星项目）。

2. 清单项目的编码

一级编码为01；二级编码11（《房屋建筑与装饰工程工程量计算规范》第十一章）；三级编码01～08（从整体面层及找平层至零星装饰项目）；四级编码从001开始，根据各项目所包含的清单项目不同，第三位数字依次递增；五级编码从 001 开始，依次递增，如：同一个工程中的块料面层，不同房间其规格、品牌等不同，因而其价格不同，其编码从第五级编码区分。

4.1.1.2　清单工程量计算有关问题说明

1. 有关项目列项问题说明

楼梯、台阶牵边和侧面镶贴块料面层，不大于 0.5m^2 的少量分散的楼地面镶贴块料面层，应按零星装饰项目表执行。

2. 有关项目特征说明

（1）楼地面是指构成的基层（楼板、夯实土基）、垫层（承受地面荷载并均匀传递给基层的构造层）、填充层（在建筑楼地面上起隔声、保温、找坡或敷设暗管、暗线等作用的构造层）、隔离层（起防水、防潮作用的构造层）、找平层（在垫层、楼板上或填充层上起找平、找坡或加强作用的构造层）、结合层（面层与下层相结合的中间层）、面层（直接承受各种荷载作用的表面层）等。

（2）垫层是指混凝土垫层、砂石人工级配垫层、天然级配砂石垫层、灰土垫层、碎石垫层、碎砖垫层、三合土垫层、炉渣垫层等。

（3）找平层是指水泥砂浆找平层，有比较特殊要求的可选用细石混凝土、沥青砂浆、沥青混凝土等材料铺设找平层。

（4）面层是指整体面层（水泥砂浆、现浇水磨石、细石混凝土、菱苦土等）、块料面层（石材，陶瓷地砖，橡胶、塑料、竹、木地板）等。

（5）面层中其他材料：

1）防护材料是耐酸、耐碱、耐臭氧、耐老化、防火、防油渗等材料。

2）嵌条材料适用于水磨石的分格、作图案等。例如：玻璃嵌条、铜嵌条、铝合金嵌条、不锈钢嵌条等。

3）压线条是用地毯、橡胶板、橡胶卷材铺设而成。例如：铝合金、不锈钢、铜压线条等。

4）颜料适用于水磨石地面、踢脚线、楼梯、台阶和块料面层勾缝所需配制的石子浆或砂浆内加添的材料（耐碱的矿物颜料）。

5）防滑条适用于楼梯、台阶踏步的防滑设施，例如：水泥玻璃屑、水泥钢屑、铜、铁防滑条等。

6）地毡固定配件适用于固定地毡的压棍脚和压棍。

7）扶手固定配件适用于楼梯、台阶的栏杆柱、栏杆、栏板与扶手相连接的固定件，靠墙扶手与墙相连接的固定件。

8）酸洗、打蜡磨光，磨石、菱苦土、陶瓷块料等，均可用酸洗（草酸）清洗油渍、污渍，然后打蜡（蜡脂、松香水、鱼油、煤油等按设计要求配合）和磨光。

3. 工程量计算规则的说明

（1）"不扣除间壁墙及 $\leqslant 0.3\text{m}^2$ 柱、垛、附墙烟囱及孔洞所占面积"，与《全国统一建设工程基础定额》不同。

（2）单跑楼梯不论其中间是否有休息平台，其工程量与双跑楼梯计算相同。

（3）台阶面层与平台面层是同一种材料时，平台计算面层后，台阶不再计算最上一层踏步面积；如台阶计算最上一层踏步（加 30cm），平台面层中必须扣除该面积。

（4）包括垫层的地面和不包括垫层的楼面应分别计算其工程量，分别编码（第五级编码）列项。

4. 有关工程内容说明

（1）有填充层和隔离层的楼地面通常有两层找平层，应注意报价。

（2）当台阶面层与找平层材料相同而最后一步台阶投影面积不计算时，应将最后一步台阶的踢脚板面层考虑在报价中。

4.1.2　楼地面装饰工程清单工程量计算规则

4.1.2.1　整体面层及找平层

工程量清单项目设置及工程量计算规则，应按表 4-1 的规定执行。

表 4-1　整体面层及找平层（编码：011101）

项目编码	项目名称	项目特征	计量单位	工程量计算规则	工作内容
011101001	水泥砂浆楼地面	1. 找平层厚度、砂浆配合比 2. 素水泥浆遍数 3. 面层厚度、砂浆配合比 4. 面层做法要求	m²	按设计图示尺寸以面积计算。扣除凸出地面构筑物、设备基础、室内管道、地沟等所占面积，不扣除间壁墙及≤0.3m² 柱、垛、附墙烟囱及孔洞所占面积。门洞、空圈、暖气包槽、壁龛的开口部分不增加面积	1. 基层清理 2. 抹找平层 3. 抹面层 4. 材料运输
011101002	现浇水磨石楼地面	1. 找平层厚度、砂浆配合比 2. 面层厚度、水泥石子浆配合比 3. 嵌条材料种类、规格 4. 石子种类、规格、颜色 5. 颜料种类、颜色 6. 图案要求 7. 磨光、酸洗、打蜡要求	m²		1. 基层清理 2. 抹找平层 3. 面层铺设 4. 嵌缝条安装 5. 磨光、酸洗打蜡 6. 材料运输
011101003	细石混凝土楼地面	1. 找平层厚度、砂浆配合比 2. 面层厚度、混凝土强度等级			1. 基层清理 2. 抹找平层 3. 面层铺设 4. 材料运输
011101004	菱苦土楼地面	1. 找平层厚度、砂浆配合比 2. 面层厚度 3. 打蜡要求			1. 基层清理 2. 抹找平层 3. 面层铺设 4. 打蜡 5. 材料运输

项目编码	项目名称	项目特征	计量单位	工程量计算规则	工作内容
011101005	自流坪楼地面	1. 找平层砂浆配合比、厚度 2. 界面剂材料种类 3. 中层漆材料种类、厚度 4. 面漆材料种类、厚度 5. 面层材料种类	m²		1. 基层清理 2. 抹找平层 3. 涂界面剂 4. 涂刷中层漆 5. 打磨、吸尘 6. 镘自流平面漆（浆） 7. 拌合自流平浆料 8. 铺面层
011101006	平面砂浆找平层	找平层厚度、砂浆配合比		按设计图示尺寸以面积计算	1. 基层清理 2. 抹找平层 3. 材料运输

注：1. 水泥砂浆面层处理是拉毛还是提浆压光应在面层做法要求中描述。

2. 平面砂浆找平层只适用于仅做找平层的平面抹灰。

3. 间壁墙指墙厚≤120mm的墙。

4. 楼地面混凝土垫层另《房屋建筑与装饰工程工程量计算规范》现浇混凝土基础表垫层项目编码列项，除混凝土外的其他材料垫层按《房屋建筑与装饰工程工程量计算规范》垫层表项目编码列项。

4.1.2.2 块料面层

工程量清单项目设置及工程量计算规则，应按表4-2的规定执行。

表4-2 块料面层（编码：011102）

项目编码	项目名称	项目特征	计量单位	工程量计算规则	工作内容
011102001	石材楼地面	1. 找平层厚度、砂浆配合比 2. 结合层厚度、砂浆配合比 3. 面层材料品种、规格、颜色 4. 嵌缝材料种类 5. 防护层材料种类 6. 酸洗、打蜡要求	m²	按设计图示尺寸以面积计算。门洞、空圈、暖气包槽、壁龛的开口部分并入相应的工程量内	1. 基层清理 2. 抹找平层 3. 面层铺设、磨边 4. 嵌缝 5. 刷防护材料 6. 酸洗、打蜡 7. 材料运输
011102002	碎石材楼地面				
011102003	块料楼地面				

注：1. 在描述碎石材项目的面层材料特征时可不用描述规格、颜色。

2. 石材、块料与粘结材料的结合面刷防渗材料的种类在防护层材料种类中描述。

3. 本表工作内容中的磨边指施工现场磨边，后面章节工作内容中涉及的磨边含义同。

4.1.2.3 橡塑面层

工程量清单项目设置及工程量计算规则，应按表4-3的规定执行。

表 4-3　橡塑面层（编码：011103）

项目编码	项目名称	项目特征	计量单位	工程量计算规则	工作内容
011103001	橡胶板楼地面	1. 粘结层厚度、材料种类 2. 面层材料品种、规格、颜色 3. 压线条种类	m²	按设计图示尺寸以面积计算。门洞、空圈、暖气包槽、壁龛的开口部分并入相应的工程量内	1. 基层清理 2. 面层铺贴 3. 压缝条装钉 4. 材料运输
011103002	橡胶板卷材楼地面				
011103003	塑料板楼地面				
011103004	塑料卷材楼地面				

注：本表项目中如涉及找平层，另按《房屋建筑与装饰工程工程量计算规范》整体面层及找平层表找平层项目编码列项。

4.1.2.4　其他材料面层

工程量清单项目设置及工程量计算规则，应按表 4-4 的规定执行。

表 4-4　其他材料面层（编码：011104）

项目编码	项目名称	项目特征	计量单位	工程量计算规则	工作内容
011104001	地毯楼地面	1. 面层材料品种、规格、颜色 2. 防护材料种类 3. 粘结材料种类 4. 压线条种类	m²	按设计图示尺寸以面积计算。门洞、空圈、暖气包槽、壁龛的开口部分并入相应的工程量内	1. 基层清理 2. 铺贴面层 3. 刷防护材料 4. 装钉压条 5. 材料运输
011104002	竹、木（复合）地板	1. 龙骨材料种类、规格、铺设间距 2. 基层材料种类、规格 3. 面层材料品种、规格、颜色 4. 防护材料种类			1. 基层清理 2. 龙骨铺设 3. 基层铺设 4. 面层铺贴 5. 刷防护材料 6. 材料运输
011104003	金属复合地板				
011104004	防静电活动地板	1. 支架高度、材料种类 2. 面层材料品种、规格、颜色 3. 防护材料种类			1. 基层清理 2. 固定支架安装 3. 活动面层安装 4. 刷防护材料 5. 材料运输

4.1.2.5　踢脚线

工程量清单项目设置及工程量计算规则，应按表 4-5 的规定执行。

表 4-5 踢脚线 (编码: 011105)

项目编码	项目名称	项目特征	计量单位	工程量计算规则	工作内容
011105001	水泥砂浆踢脚线	1. 踢脚线高度 2. 底层厚度、砂浆配合比 3. 面层厚度、砂浆配合比	1. m² 2. m	1. 以平方米计量,按设计图示长度乘高度以面积计算 2. 以米计量,按延长米计算	1. 基层清理 2. 底层和面层抹灰 3. 材料运输
011105002	石材踢脚线	1. 踢脚线高度 2. 粘贴层厚度、材料种类 3. 面层材料品种、规格、颜色 4. 防护材料种类			1. 基层清理 2. 底层抹灰 3. 面层铺贴、磨边 4. 擦缝 5. 磨光、酸洗、打蜡 6. 刷防护材料 7. 材料运输
011105003	块料踢脚线				
011105004	塑料板踢脚线	1. 踢脚线高度 2. 粘结层厚度、材料种类 3. 面层材料种类、规格、颜色			1. 基层清理 2. 基层铺贴 3. 面层铺贴 4. 材料运输
011105005	木质踢脚线	1. 踢脚线高度 2. 基层材料种类、规格 3. 面层材料品种、规格、颜色			
011105006	金属踢脚线				
011105007	防静电踢脚线				

注:石材、块料与粘结材料的结合面刷防渗材料的种类在防护材料种类中描述。

4.1.2.6 楼梯面层

工程量清单项目设置及工程量计算规则,应按表 4-6 的规定执行。

表 4-6 楼梯面层 (编码: 011106)

项目编码	项目名称	项目特征	计量单位	工程量计算规则	工作内容
011106001	石材楼梯面层	1. 找平层厚度、砂浆配合比 2. 粘结层厚度、材料种类 3. 面层材料品种、规格、颜色 4. 防滑条材料种类、规格 5. 勾缝材料种类 6. 防护层材料种类 7. 酸洗、打蜡要求	m²	按设计图示尺寸以楼梯(包括踏步、休息平台及≤500mm的楼梯井)水平投影面积计算。楼梯与楼地面相连时,算至梯口梁内侧边沿;无梯口梁者,算至最上一层踏步边沿加300mm	1. 基层清理 2. 抹找平层 3. 面层铺贴、磨边 4. 贴嵌防滑条 5. 勾缝 6. 刷防护材料 7. 酸洗、打蜡 8. 材料运输
011106002	块料楼梯面层				
011106003	拼碎块料面层				

项目编码	项目名称	项目特征	计量单位	工程量计算规则	工作内容
011106004	水泥砂浆楼梯面层	1. 找平层厚度、砂浆配合比 2. 面层厚度、砂浆配合比 3. 防滑条材料种类、规格			1. 基层清理 2. 抹找平层 3. 抹面层 4. 抹防滑条 5. 材料运输
011106005	现浇水磨石楼梯面层	1. 找平层厚度、砂浆配合比 2. 面层厚度、水泥石子浆配合比 3. 防滑条材料种类、规格 4. 石子种类、规格、颜色 5. 颜料种类、颜色 6. 磨光、酸洗打蜡要求	m²	按设计图示尺寸以楼梯（包括踏步、休息平台及≤500mm的楼梯井）水平投影面积计算。楼梯与楼地面相连时，算至梯口梁内侧边沿；无梯口梁者，算至最上一层踏步边沿加300mm	1. 基层清理 2. 抹找平层 3. 抹面层 4. 贴嵌防滑条 5. 磨光、酸洗、打蜡 6. 材料运输
011106006	地毯楼梯面层	1. 基层种类 2. 面层材料品种、规格、颜色 3. 防护材料种类 4. 粘结材料种类 5. 固定配件材料种类、规格			1. 基层清理 2. 铺贴面层 3. 固定配件安装 4. 刷防护材料 5. 材料运输
011106007	木板楼梯面层	1. 基层材料种类、规格 2. 面层材料品种、规格、颜色 3. 粘结材料种类 4. 防护材料种类	m²	按设计图示尺寸以楼梯（包括踏步、休息平台及≤500mm的楼梯井）水平投影面积计算。楼梯与楼地面相连时，算至梯口梁内侧边沿；无梯口梁者，算至最上一层踏步边沿加300mm	1. 基层清理 2. 基层铺贴 3. 面层铺贴 4. 刷防护材料 5. 材料运输
011106008	橡胶板楼梯面层	1. 粘结层厚度、材料种类 2. 面层材料品种、规格、颜色 3. 压线条种类			1. 基层清理 2. 面层铺贴 3. 压缝条装钉 4. 材料运输
011106009	塑料板楼梯面层				

注：1. 在描述碎石材项目的面层材料特征时可不用描述规格、颜色。

2. 石材、块料与粘结材料的结合面刷防渗材料的种类在防护材料种类中描述。

4.1.2.7 台阶装饰

工程量清单项目设置及工程量计算规则，应按表4-7的规定执行。

表 4-7　台阶装饰（编码：011107）

项目编码	项目名称	项目特征	计量单位	工程量计算规则	工作内容
011107001	石材台阶面	1. 找平层厚度、砂浆配合比 2. 粘结材料种类 3. 面层材料品种、规格、颜色 4. 勾缝材料种类 5. 防滑条材料种类、规格 6. 防护材料种类	m²	按设计图示尺寸以台阶（包括最上层踏步边沿 300mm）水平投影面积计算	1. 基层清理 2. 抹找平层 3. 面层铺贴 4. 贴嵌防滑条 5. 勾缝 6. 刷防护材料 7. 材料运输
011107002	块料台阶面				
011107003	拼碎块料台阶面				
011107004	水泥砂浆台阶面	1. 找平层厚度、砂浆配合比 2. 面层厚度、砂浆配合比 3. 防滑条材料种类	m²	按设计图示尺寸以台阶（包括最上层踏步边沿 300mm）水平投影面积计算	1. 基层清理 2. 抹找平层 3. 抹面层 4. 抹防滑条 5. 材料运输
011107005	现浇水磨石台阶面	1. 找平层厚度、砂浆配合比 2. 面层厚度、水泥石子浆配合比 3. 防滑条材料种类、规格 4. 石子种类、规格、颜色 5. 颜料种类、颜色 6. 磨光、酸洗、打蜡要求	m²		1. 清理基层 2. 抹找平层 3. 抹面层 4. 贴嵌防滑条 5. 打磨、酸洗、打蜡 6. 材料运输
011107006	剁假石台阶面	1. 找平层厚度、砂浆配合比 2. 面层厚度、砂浆配合比 3. 剁假石要求			1. 清理基层 2. 抹找平层 3. 抹面层 4. 剁假石 5. 材料运输

注：1. 在描述碎石材项目的面层材料特征时可不用描述规格、颜色。
　　2. 石材、块料与粘结材料的结合面刷防渗材料的种类在防护材料种类中描述。

4.1.2.8　零星装饰项目

工程量清单项目设置及工程量计算规则，应按表 4-8 的规定执行。

表 4-8　零星装饰项目（编码：011108）

项目编码	项目名称	项目特征	计量单位	工程量计算规则	工作内容
011108001	石材零星项目	1. 工程部位 2. 找平层厚度、砂浆配合比 3. 贴结合层厚度、材料种类 4. 面层材料品种、规格、颜色 5. 勾缝材料种类 6. 防护材料种类 7. 酸洗、打蜡要求	m²	按设计图示尺寸以面积计算	1. 清理基层 2. 抹找平层 3. 面层铺贴、磨边 4. 勾缝 5. 刷防护材料 6. 酸洗、打蜡 7. 材料运输
011108002	拼碎石材零星项目				
011108003	块料零星项目				

项目编码	项目名称	项目特征	计量单位	工程量计算规则	工作内容
011108004	水泥砂浆零星项目	1. 工程部位 2. 找平层厚度、砂浆配合比 3. 面层厚度、砂浆厚度	m²	按设计图示尺寸以面积计算	1. 清理基层 2. 抹找平层 3. 抹面层 4. 材料运输

注：1. 楼梯、台阶牵边和侧面镶贴块料面层，不大于 0.5m² 的少量分散的楼地面镶贴块料面层，应按本表执行。

2. 石材、块料与粘结材料的结合面刷防渗材料的种类在防护材料种类中描述。

【例 4-1】 某卫生间地面做法为：清理基层，刷素水泥浆，1：3 水泥砂浆粘贴马赛克面层，如图 4-1 所示，编制分部分项工程量清单计价表及综合单价计算表（墙厚为 240mm，门洞口宽度均为 900mm）。

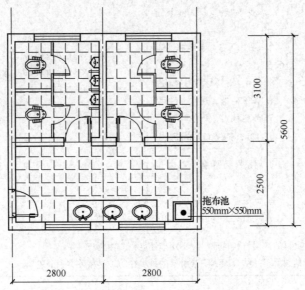

图 4-1 某卫生间地面铺贴

【解】 （1）清单工程量：$(3.1-0.12\times2)\times(2.8-0.12\times2)\times2+(2.5-0.12\times2)\times(2.8\times2-0.12\times2)+0.9\times0.24\times2-0.55\times0.55=26.89(\text{m}^2)$

（2）消耗量定额工程量：26.89m²

计算清单项目每计量单位应包含的各项工程内容的工程数量：26.89÷26.89＝1

（3）陶瓷锦砖楼地面：

1）人工费：11.48 元

2）材料费：21.03 元

3）机械费：0.15 元

（4）综合

直接费合计：32.66 元

管理费：32.66×34％＝11.10（元）

利润：32.66×8％＝2.61（元）

综合单价：46.37（元/m²）

合价：46.37×26.89＝1246.89（元）

表 4-9 分部分项工程量清单计价表

序号	项目编号	项目名称	项目特征描述	计算单位	工程数量	金额（元）		
						综合单价	合价	其中 直接费
1	011102003001	块料楼地面	面层材料品种、规格：陶瓷锦砖；结合层材料种类：水泥砂浆 1:3	m²	26.89	46.37	1246.89	32.66

表 4-10 分部分项工程量清单综合单价计算表

项目编号	011102003001		项目名称	块料楼地面	计量单位		m²	工程量	26.89
清单综合单价组成明细									
定额编号	定额项目名称	定额单位	数量	单价（元/m²）			合价（元/m²）		
				人工费	材料费	机械费	人工费	材料费	机械费	管理费和利润
—	陶瓷锦砖铺贴	m²	1.00	11.48	21.03	0.15	11.48	21.03	0.15	13.71
人工单价			小计				11.48	21.03	0.15	13.71
28 元/工日			未计价材料费				—			
清单项目综合单价（元/m²）							46.37			

【例 4-2】　某歌厅地面圆舞池铺贴 600mm×600mm 花岗岩板，石材表面刷保护液，舞池中心及条带贴 10mm 厚 600mm×600mm 单层钢化镭射玻璃砖，圆舞池以外地面铺贴带胶垫羊毛地毯，如图 4-2 所示，编制分部分项工程量清单计价表及综合单价计算表。

【解】　（1）清单工程量：

钢化镭射玻璃砖清单工程量：$3.14×0.75^2＋(15÷360)×3.14×(4^2－0.75^2)＝3.79$（m²）

花岗岩楼地面清单工程量：$3.14×4^2－3.79＝46.45$（m²）

楼地面地毯清单工程量：$11.5×9.8＋0.12×(1.5＋0.8)－3.14×4^2＝62.74$（m²）

（2）消耗量定额工程量：

1）工程量计算：

钢化镭射玻璃砖：3.79m²

花岗岩板铺贴：46.45m²

石材表面刷保护液：46.45m²

楼地面羊毛地毯铺贴：62.74m²

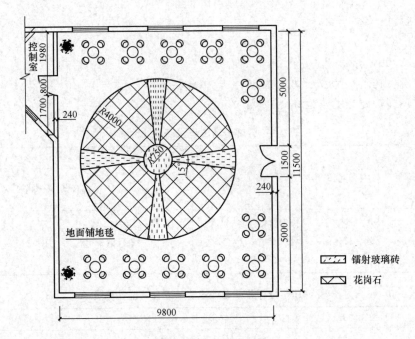

控制室

R4000

R750

15°

地面铺地毯

⬚⬚⬚ 镭射玻璃砖

⬚⬚⬚ 花岗石

图 4-2 某歌厅地面铺贴

2) 计算清单项目每计量单位应包含的各项工程内容的工程数量：

钢化镭射玻璃砖：3.79÷3.79＝1

花岗岩板铺贴：46.45÷46.45＝1

石材表面刷保护液：46.45÷46.45＝1

楼地面羊毛地毯铺贴：62.74÷62.74＝1

(3) 单层钢化镭射玻璃砖：

1) 人工费：9 元

2) 材料费：298 元

3) 综合

直接费合计：307 元

管理费：307×34％＝104.38（元）

利润：307×8％＝24.56（元）

综合单价：435.94（元/m²）

合价：435.94×3.79＝1652.21（元）

(4) 花岗岩铺贴、石材表面刷保护液

1) 花岗岩铺贴：

①人工费：6.33 元

②材料费：218 元

③机械费：0.55

2) 石材表面刷保护液：

①人工费：1.25 元

②材料费：21 元

92

3）综合

直接费合计：247.13元

管理费：247.13×34%＝84.02（元）

利润：247.13×8%＝19.77（元）

综合单价：350.92（元/m²）

合价：350.92×46.45＝16300.23（元）

（5）羊毛地毯铺贴：

1）人工费：16.18元

2）材料费：255元

3）综合

直接费合计：271.18元

管理费：271.18×34%＝92.20（元）

利润：271.18×8%＝21.69（元）

综合单价：385.07（元/m²）

合价：385.07×62.74＝24159.29（元）

表 4-11　分部分项工程量清单计价表

序号	项目编号	项目名称	项目特征描述	计算单位	工程数量	金额（元）		
						综合单价	合价	其中
								直接费
1	011102003001	块料楼地面	面层材料品种、规格：10mm 厚 600mm × 600mm 单层钢化镭射玻璃砖；粘结层材料种类：玻璃胶	m²	3.79	435.94	1652.21	307
2	011102001001	石材楼地面	面层材料品种、规格：600mm×600mm 花岗岩板；结合层材料种类：粘结层水泥砂浆 1：3；酸洗、打蜡要求：石材表面刷保护液	m²	46.45	350.92	16300.23	247.13
3	011104001001	地毯楼地面	面层材料品种、规格：羊毛地毯；粘结材料种类：地毯胶垫固定安装	m²	62.74	385.07	24159.29	271.18

表 4-12　分部分项工程量清单综合单价计算表

项目编号	011102003001	项目名称	块料楼地面	计量单位	m²	工程量	3.79

清单综合单价组成明细

定额编号	定额项目名称	定额单位	数量	单价（元/m²）			合价（元/m²）			
				人工费	材料费	机械费	人工费	材料费	机械费	管理费和利润
—	镭射玻璃砖	m²	1.00	9	298	—	9	298	—	128.94
人工单价		小计					9	298	—	128.94
28 元/工日		未计价材料费					—			
清单项目综合单价（元/m²）							435.94			

表 4-13　分部分项工程量清单综合单价计算表

项目编号	011102001001	项目名称	石材楼地面	计量单位	m²	工程量	46.45

清单综合单价组成明细

定额编号	定额项目名称	定额单位	数量	单价（元/m²）			合价（元/m²）			
				人工费	材料费	机械费	人工费	材料费	机械费	管理费和利润
—	花岗岩铺贴	m²	1.00	6.33	218	0.55	6.33	218	0.55	94.45
—	石材表面刷保护液	m²	1.00	1.25	21	—	1.25	21	—	9.34
人工单价		小计					7.58	239	0.55	103.79
28 元/工日		未计价材料费					—			
清单项目综合单价（元/m²）							350.92			

表 4-14　分部分项工程量清单综合单价计算表

项目编号	011104001001	项目名称	地毯楼地面	计量单位	m²	工程量	62.74

清单综合单价组成明细

定额编号	定额项目名称	定额单位	数量	单价（元/m²）			合价（元/m²）			
				人工费	材料费	机械费	人工费	材料费	机械费	管理费和利润
—	羊毛地毯铺贴	m²	1.00	16.18	255	—	16.18	255	—	113.90
人工单价		小计					16.18	255	—	113.89
28 元/工日		未计价材料费					—			
清单项目综合单价（元/m²）							385.07			

【例 4-3】 某会议室地面（图 4-3）做法为：拆除原有架空木地板，清理基层，塑料粘结剂铺贴防静电地毯面层。编制分部分项工程量清单计价表及综合单价计算表。

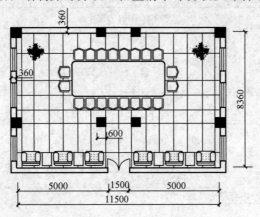

图 4-3 某会议室地面铺贴

【解】 （1）清单工程量计算：

$11.5 \times 8.36 - [0.6 \times 0.6 \times 2 + (0.6 - 0.36) \times 0.6 \times 4] + 0.12 \times 1.5 = 95.07 (\text{m}^2)$

（2）消耗量定额工程量：95.07m²

计算清单项目每计量单位应包含的各项工程内容的工程数量：95.07÷95.07＝1

（3）带木龙骨木地板拆除：

人工费：1.51 元

（4）防静电地毯铺贴：

1）人工费：16.18 元

2）材料费：160.44 元

（5）综合

直接费合计：1.51＋16.18＋160.44＝178.13（元）

管理费：178.13×34％＝60.56（元）

利润：178.13×8％＝14.25（元）

综合单价：252.94 元

合计：252.94×95.07＝24047.01（元）

表 4-15 分部分项工程量清单计价表

序号	项目编号	项目名称	项目特征描述	计算单位	工程数量	综合单价	合价	其中 直接费
1	011104001001	地毯楼地面	拆除带木龙骨木地板；面层材料品种：防静电地毯；粘结材料种类：塑料粘结剂	m²	95.07	252.94	24047.01	178.13

表 4-16　分部分项工程量清单综合单价计算表

项目编号	011104001001	项目名称	地毯楼地面	计量单位	m²	工程量	95.07

				单价（元/m²）			合价（元/m²）			
定额编号	定额项目名称	定额单位	数量	人工费	材料费	机械费	人工费	材料费	机械费	管理费和利润
—	带木龙骨木地板拆除	m²	1.00	1.51	—	—	1.51	—	—	0.63
—	防静电地毯铺贴	m²	1.00	16.18	160.44	—	16.18	160.44	—	74.18
人工单价		小计					17.69	160.44	—	74.81
28元/工日		未计价材料费					—			
清单项目综合单价（元/m²）							252.94			

【例 4-4】　如图 4-4 所示，求某办公楼房间为水磨石地面，求其工程量。

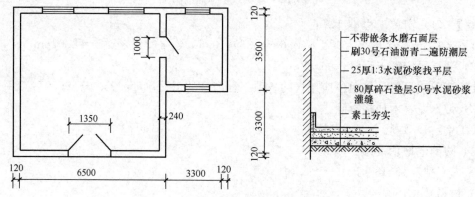

图 4-4　某工程地面示意图

【解】　水磨石地面工程量：
$$(6.5-0.24)\times(6.8-0.24)+(3.3-0.24)\times(3.5-0.24)=51.04(\text{m}^2)$$

4.2　墙、柱面装饰与隔断、幕墙工程

4.2.1　清单工程量计算有关问题说明

4.2.1.1　墙、柱面装饰与隔断、幕墙工程工程量清单项目的划分与编码

1. 清单项目的划分

墙、柱面装饰与隔断、幕墙工程：

（1）墙面抹灰（包括墙面一般抹灰、墙面装饰抹灰、墙面勾缝、立面砂浆找平层）。

（2）柱（梁）面抹灰（包括柱、梁面一般抹灰，柱、梁面装饰抹灰，柱、梁面砂浆找平，柱、梁面勾缝）。

（3）零星抹灰（包括零星项目一般抹灰、装饰抹灰、砂浆找平）。

（4）墙面块料面层（包括石材、拼碎石材、块料墙面、干挂石材钢骨架）。

（5）柱（梁）面镶贴块料（包括石材、块料、拼碎块柱面、石材、块料梁面）。

（6）镶贴零星块料（包括石材、块料、拼碎块零星项目）。

（7）墙饰面（包括墙面装饰板、墙面装饰浮雕）。

（8）柱（梁）饰面（包括柱（梁）面装饰、成品装饰柱）。

（9）幕墙工程（包括带骨架幕墙、全玻（无框玻璃）幕墙）。

（10）隔断（包括木隔断、金属隔断、玻璃隔断、塑料隔断、成品隔断、其他隔断）。

2. 清单项目的编码

一级编码 01；二级编码 12（《房屋建筑与装饰工程工程量计算规范》第十二章，墙、柱面装饰与隔断、幕墙工程）；三级编码从 01～10（从墙面抹灰至隔断共 10 个项目）；四级编码自 001 开始，根据各分部不同的清单项目分别编码列项；同一个工程中墙面若采用一般抹灰，所用的砂浆种类既有水泥砂浆，又有混合砂浆，则第五级编码应分别设置。

4.2.1.2 清单工程量计算有关问题说明

1. 有关项目列项问题说明

（1）一般抹灰包括：石灰砂浆、水泥砂浆、混合砂浆、聚合物水泥砂浆、麻刀石灰浆、石膏灰浆等。

（2）装饰抹灰包括：水刷石、斩假石、干粘石、假面砖等。

（3）柱面抹灰项目、石材柱面项目、块料柱面项目适用于矩形柱、异形柱（包括圆形柱、半圆形柱等）。

（4）墙、柱（梁）面≤0.5m² 的少量分散的抹灰按零星抹灰项目编码列项。

（5）设置在隔断、幕墙上的门窗，可包含在隔墙、幕墙项目报价内，也可单独编码列项，并在清单项目中进行描述。

2. 有关项目特征说明

（1）墙体类型指砖墙、石墙、混凝土墙、砌块墙以及内墙、外墙等。

（2）底层、面层的厚度应根据设计规定（通常采用标准设计图）确定。

（3）勾缝类型指清水砖墙、砖柱的加浆勾缝（平缝或凹缝），石墙、石柱的勾缝（如：平缝、平凹缝、平凸缝、半圆凹缝、半圆凸缝和三角凸缝等）。

（4）挂贴方式是对大规格的石材（大理石、花岗石、青石等）使用先挂后灌浆的方式固定在墙、柱面上。

（5）干挂方式是指直接干挂法，是通过不锈钢膨胀螺栓、不锈钢挂件、不锈钢连接件、不锈钢钢针等，将外墙饰面板连接在外墙墙面；间接干挂法，是通过固定在墙、柱、梁上的龙骨，再通过各种挂件固定外墙饰面板。

（6）嵌缝材料指嵌缝砂浆、嵌缝油膏、密封胶封水材料等。

（7）防护材料指石材等防碱背涂处理剂和面层防酸涂剂等。

（8）基层材料指面层内的底板材料，如：木墙裙、木护墙、木板隔墙等，在龙骨上，粘贴或铺钉一层加强面层的底板。

3. 有关工程量计算说明

（1）墙面抹灰不扣除踢脚线、挂镜线和墙与构件交接处的面积，是指墙与梁的交接处所占的面积，不包含墙与楼板的交接。

（2）外墙裙抹灰面积，按其长度乘以高度计算，是指按外墙裙的长度计算。

（3）柱的一般抹灰和装饰抹灰及勾缝，以柱断面周长乘以高度计算，柱断面周长是指结构断面周长。

（4）柱（梁）面装饰按照设计图示外围饰面尺寸乘以高度（长度）以面积计算。外围饰面尺寸是饰面的表面尺寸。

（5）带肋全玻璃幕墙是指玻璃幕墙带玻璃肋，玻璃肋的工程量应合并在玻璃幕墙工程量中计算。

4．有关工程内容说明

（1）"抹面层"是指一般抹灰的普通抹灰（一层底层和一层面层或不分层一遍成活），中级抹灰（一层底层、一层中层和一层面层或一层底层、一层面层），高级抹灰（一层底层、数层中层和一层面层）的面层。

（2）"抹装饰面"是指装饰抹灰（抹底灰、涂刷108胶溶液、刮或刷水泥浆液、抹中层、抹装饰面层）的面层。

4.2.2 墙、柱面工程清单工程量计算规则

4.2.2.1 墙面抹灰

工程量清单项目设置及工程量计算规则，应按表4-17的规定执行。

表4-17　墙面抹灰（编码：011201）

项目编码	项目名称	项目特征	计量单位	工程量计算规则	工作内容
011201001	墙面一般抹灰	1. 墙体类型 2. 底层厚度、砂浆配合比 3. 面层厚度、砂浆配合比	m²	按设计图示尺寸以面积计算。扣除墙裙、门窗洞口及单个＞0.3m²的孔洞面积，不扣除踢脚线、挂镜线和墙与构件交接处的面积，门窗洞口和孔洞的侧壁及顶面不增加面积。附墙柱、梁、垛、烟囱侧壁并入相应的墙面面积内 1. 外墙抹灰面积按外墙垂直投影面积计算 2. 外墙裙抹灰面积按其长度乘以高度计算 3. 内墙抹灰面积按主墙间的净长乘以高度计算 （1）无墙裙的，高度按室内楼地面至天棚底面计算 （2）有墙裙的，高度按墙裙顶至天棚底面计算 （3）有吊顶天棚抹灰，高度算至天棚底 4. 内墙裙抹灰面按内墙净长乘以高度计算	1. 基层清理 2. 砂浆制作、运输 3. 底层抹灰 4. 抹面层 5. 抹装饰面 6. 勾分格缝
011201002	墙面装饰抹灰	4. 装饰面材料种类 5. 分格缝宽度、材料种类			
011201003	墙面勾缝	1. 勾缝类型 2. 勾缝材料种类			1. 基层清理 2. 砂浆制作、运输 3. 勾缝
011201004	立面砂浆找平层	1. 基层类型 2. 找平层砂浆厚度、配合比			1. 基层清理 2. 砂浆制作、运输 3. 抹灰找平

注：1. 立面砂浆找平项目适用于仅做找平层的立面抹灰。

　　2. 墙面抹石灰砂浆、水泥砂浆、混合砂浆、聚合物水泥砂浆、麻刀石灰浆、石膏灰浆等按本表中墙面一般抹灰列项，墙面水刷石、斩假石、干粘石、假面砖等按本表中墙面装饰抹灰列项。

　　3. 飘窗凸出外墙面增加的抹灰并入外墙工程量内。

　　4. 有吊顶天棚的内墙面抹灰，抹至吊顶以上部分在综合单价中考虑。

4.2.2.2 柱（梁）面抹灰

工程量清单项目设置及工程量计算规则，应按表 4-18 的规定执行。

表 4-18　柱（梁）面抹灰（编码：011202）

项目编码	项目名称	项目特征	计量单位	工程量计算规则	工作内容
011202001	柱、梁面一般抹灰	1. 柱（梁）体类型 2. 底层厚度、砂浆配合比 3. 面层厚度、砂浆配合比 4. 装饰面材料种类 5. 分格缝宽度、材料种类	m²	1. 柱面抹灰：按设计图示柱断面周长乘高度以面积计算 2. 梁面抹灰：按设计图示梁断面周长乘长度以面积计算	1. 基层清理 2. 砂浆制作、运输 3. 底层抹灰 4. 抹面层 5. 勾分格缝
011202002	柱、梁面装饰抹灰				
011202003	柱、梁面砂浆找平	1. 柱（梁）体类型 2. 找平的砂浆厚度、配合比			1. 基层清理 2. 砂浆制作、运输 3. 抹灰找平
011202004	柱、梁面勾缝	1. 勾缝类型 2. 勾缝材料种类		按设计图示柱断面周长乘高度以面积计算	1. 基层清理 2. 砂浆制作、运输 3. 勾缝

注：1. 砂浆找平项目适用于仅做找平层的柱（梁）面抹灰。

2. 柱（梁）面抹石灰砂浆、水泥砂浆、混合砂浆、聚合物水泥砂浆、麻刀石灰浆、石膏灰浆等按本表中柱（梁）面一般抹灰编码列项；柱（梁）面水刷石、斩假石、干粘石、假面砖等按本表中柱（梁）面装饰抹灰编码列项。

4.2.2.3 零星抹灰

工程量清单项目设置及工程量计算规则，应按表 4-19 的规定执行。

表 4-19　零星抹灰（编码：011203）

项目编码	项目名称	项目特征	计量单位	工程量计算规则	工作内容
011203001	零星项目一般抹灰	1. 基层类型、部位 2. 底层厚度、砂浆配合比 3. 面层厚度、砂浆配合比 4. 装饰面材料种类 5. 分格缝宽度、材料种类	m²	按设计图示尺寸以面积计算	1. 基层清理 2. 砂浆制作、运输 3. 底层抹灰 4. 抹面层 5. 抹装饰面 6. 勾分格缝
011203002	零星项目装饰抹灰				
011203003	零星项目砂浆找平	1. 基层类型、部位 2. 找平的砂浆厚度、配合比			1. 基层清理 2. 砂浆制作、运输 3. 抹灰找平

注：1. 零星项目抹石灰砂浆、水泥砂浆、混合砂浆、聚合物水泥砂浆、麻刀石灰浆、石膏灰浆等按本表中零星项目一般抹灰编码列项，水刷石、斩假石、干粘石、假面砖等按本表中零星项目装饰抹灰编码列项。

2. 墙、柱（梁）面≤0.5m² 的少量分散的抹灰按本表中零星抹灰项目编码列项。

4.2.2.4 墙面块料面层

工程量清单项目设置及工程量计算规则，应按表 4-20 的规定执行。

表 4-20 墙面块料面层（编码：011204）

项目编码	项目名称	项目特征	计量单位	工程量计算规则	工作内容
011204001	石材墙面	1. 墙体类型 2. 安装方式 3. 面层材料品种、规格、颜色 4. 缝宽、嵌缝材料种类 5. 防护材料种类 6. 磨光、酸洗、打蜡要求	m²	按镶贴表面积计算	1. 基层清理 2. 砂浆制作、运输 3. 粘结层铺贴 4. 面层安装 5. 嵌缝 6. 刷防护材料 7. 磨光、酸洗、打蜡
011204002	拼碎石材墙面				
011204003	块料墙面				
011204004	干挂石材钢骨架	1. 骨架种类、规格 2. 防锈漆品种遍数	t	按设计图示以质量计算	1. 骨架制作、运输、安装 2. 刷漆

　　注：1. 在描述碎块项目的面层材料特征时可不用描述规格、颜色。

　　　　2. 石材、块料与粘结材料的结合面刷防渗材料的种类在防护层材料种类中描述。

　　　　3. 安装方式可描述为砂浆或粘结剂粘贴、挂贴、干挂等，不论哪种安装方式，都要详细描述与组价相关的内容。

4.2.2.5 柱（梁）面镶贴块料

工程量清单项目设置及工程量计算规则，应按表 4-21 的规定执行。

表 4-21 柱（梁）面镶贴块料（编码：011205）

项目编码	项目名称	项目特征	计量单位	工程量计算规则	工作内容
011205001	石材柱面	1. 柱截面类型、尺寸 2. 安装方式 3. 面层材料品种、规格、颜色 4. 缝宽、嵌缝材料种类 5. 防护材料种类 6. 磨光、酸洗、打蜡要求	m²	按镶贴表面积计	1. 基层清理 2. 砂浆制作、运输 3. 粘结层铺贴 4. 面层安装 5. 嵌缝 6. 刷防护材料 7. 磨光、酸洗、打蜡
011205002	块料柱面				
011205003	拼碎块柱面				
011205004	石材梁面	1. 安装方式 2. 面层材料品种、规格、颜色 3. 缝宽、嵌缝材料种类 4. 防护材料种类 5. 磨光、酸洗、打蜡要求			
011205005	块料梁面				

　　注：1. 在描述碎块项目的面层材料特征时可不用描述规格、颜色。

　　　　2. 石材、块料与粘结材料的结合面刷防渗材料的种类在防护层材料种类中描述。

　　　　3. 柱梁面干挂石材的钢骨架按表 4-20 相应项目编码列项。

4.2.2.6 镶贴零星块料

工程量清单项目设置及工程量计算规则，应按表4-22的规定执行。

表4-22　镶贴零星块料（编码：011206）

项目编码	项目名称	项目特征	计量单位	工程量计算规则	工作内容
011206001	石材零星项目	1. 基层类型、部位 2. 安装方式 3. 面层材料品种、规格、颜色 4. 缝宽、嵌缝材料种类 5. 防护材料种类 6. 磨光、酸洗、打蜡要求	m^2	按镶贴表面积计算	1. 基层清理 2. 砂浆制作、运输 3. 面层安装 4. 嵌缝 5. 刷防护材料 6. 磨光、酸洗打蜡
011206002	块料零星项目				
011206003	拼碎块零星项目				

注：1. 在描述碎块项目的面层材料特征时可不用描述规格、颜色。

　　2. 石材、块料与粘结材料的结合面刷防渗材料的种类在防护材料种类中描述。

　　3. 零星项目干挂石材的钢骨架按规范附录表4-20相应项目编码列项。

　　4. 墙柱面≤0.5m²的少量分散的镶贴块料面层按本表零星项目执行。

4.2.2.7 墙饰面

工程量清单项目设置及工程量计算规则，应按表4-23的规定执行。

表4-23　墙饰面（编码：011207）

项目编码	项目名称	项目特征	计量单位	工程量计算规则	工作内容
011207001	墙面装饰板	1. 龙骨材料种类、规格、中距 2. 隔离层材料种类、规格 3. 基层材料类、规格 4. 面层材料品种、规格、颜色 5. 压条材料种类、规格	m^2	按设计图示墙净长乘净高以面积计算。扣除门窗洞口及单个＞0.3m²的孔洞所占面积	1. 基层清理 2. 龙骨制作、运输、安装 3. 钉隔离层 4. 基层铺钉 5. 面层铺贴
011207002	墙面装饰浮雕	1. 基层类型 2. 浮雕材料种类 3. 浮雕样式		按设计图示尺寸以面积计算	1. 基层清理 2. 材料制作、运输 3. 安装成型

4.2.2.8 柱（梁）饰面

工程量清单项目设置及工程量计算规则，应按表4-24的规定执行。

表 4-24 柱（梁）饰面（编码：011208）

项目编码	项目名称	项目特征	计量单位	工程量计算规则	工作内容
011208001	柱（梁）面装饰	1. 龙骨材料种类、规格、中距 2. 隔离层材料种类 3. 基层材料种类、规格 4. 面层材料品种、规格、颜色 5. 压条材料种类、规格	m²	按设计图示饰面外围尺寸以面积计算。柱帽、柱墩并入相应柱饰面工程量内	1. 清理基层 2. 龙骨制作、运输、安装 3. 钉隔离层 4. 基层铺钉 5. 面层铺贴
011208002	成品装饰柱	1. 柱截面、高度尺寸 2. 柱材质	1. 根 2. m	1. 以根计量，按设计数量计算 2. 以米计量，按设计长度计算	柱运输、固定、安装

4.2.2.9 幕墙工程

工程量清单项目设置及工程量计算规则，应按表 4-25 的规定执行。

表 4-25 幕墙工程（编码：011209）

项目编码	项目名称	项目特征	计量单位	工程量计算规则	工作内容
011209001	带骨架幕墙	1. 骨架材料种类、规格、中距 2. 面层材料品种、规格、颜色 3. 面层固定方式 4. 隔离带、框边封闭材料品种、规格 5. 嵌缝、塞口材料种类	m²	按设计图示框外围尺寸以面积计算。与幕墙同种材质的窗所占面积不扣除	1. 骨架制作、运输、安装 2. 面层安装 3. 隔离带、框边封闭 4. 嵌缝、塞口 5. 清洗
011209002	全玻（无框玻璃）幕墙	1. 玻璃品种、规格、颜色 2. 粘结塞口材料种类 3. 固定方式		按设计图示尺寸以面积计算。带肋全玻幕墙按展开面积计算	1. 幕墙安装 2. 嵌缝、塞口 3. 清洗

注：幕墙钢骨架按规范附录表 4-20 干挂石材钢骨架编码列项。

4.2.2.10 隔断

工程量清单项目设置及工程量计算规则，应按表 4-26 的规定执行。

表 4-26 隔断（编码：011210）

项目编码	项目名称	项目特征	计量单位	工程量计算规则	工作内容
011210001	木隔断	1. 骨架、边框材料种类、规格 2. 隔板材料品种、规格、颜色 3. 嵌缝、塞口材料品种 4. 压条材料种类	m²	按设计图示框外围尺寸以面积计算。不扣除单个 ≤0.3m² 的孔洞所占面积；浴厕门的材质与隔断相同时，门的面积并入隔断面积内	1. 骨架及边框制作、运输、安装 2. 隔板制作、运输、安装 3. 嵌缝、塞口 4. 装钉压条
011210002	金属隔断	1. 骨架、边框材料种类、规格 2. 隔板材料品种、规格、颜色 3. 嵌缝、塞口材料品种			1. 骨架及边框制作、运输、安装 2. 隔板制作、运输、安装 3. 嵌缝、塞口

项目编码	项目名称	项目特征	计量单位	工程量计算规则	工作内容
011210003	玻璃隔断	1. 边框材料种类、规格 2. 玻璃品种、规格、颜色 3. 嵌缝、塞口材料品种	m²	按设计图示框外围尺寸以面积计算。不扣除单个≤0.3m²的孔洞所占面积	1. 边框制作、运输、安装 2. 玻璃制作、运输、安装 3. 嵌缝、塞口
011210004	塑料隔断	1. 边框材料种类、规格 2. 隔板材料品种、规格、颜色 3. 嵌缝、塞口材料品种			1. 骨架及边框制作、运输、安装 2. 隔板制作、运输、安装 3. 嵌缝、塞口
011210005	成品隔断	1. 隔断材料品种、规格、颜色 2. 配件品种、规格	1. m² 2. 间	1. 以立方米计算，按设计图示框外围尺寸以面积计算 2. 以间计算，按设计间的数量计算	1. 隔断运输、安装 2. 嵌缝、塞口
011210006	其他隔断	1. 骨架、边框材料种类、规格 2. 隔板材料品种、规格、颜色 3. 嵌缝、塞口材料品种	m²	按设计图示框外围尺寸以面积计算。不扣除单个≤0.3m²的孔洞所占面积	1. 骨架及边框安装 2. 隔板安装 3. 嵌缝、塞口

【例 4-5】 某室外 4 个直径为 1.2m 的圆柱，高度为 3.8m，设计为斩假石柱面，如图 4-5 所示，编制分部分项工程量清单计价表及综合单价计算表。

【解】 （1）清单工程量计算：$3.14 \times 1.2 \times 3.8 \times 4 = 57.27$（m²）

（2）消耗量定额工程量：57.27m²

计算清单项目每计量单位应包含的各项工程内容的工程数量：

$$57.27 \div 57.27 = 1$$

（3）柱面装饰抹灰：

人工费：28.03 元

材料费：7.32 元

机械费：0.25 元

（4）综合

直接费合计：35.6 元

管理费：$35.6 \times 34\% = 12.10$（元）

利润：$35.6 \times 8\% = 2.85$（元）

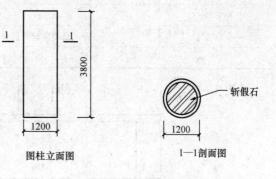

图 4-5 某室外圆柱

综合单价：50.55（元/m²）

合计：50.55×57.27＝2895.00（元）

表 4-27　分部分项工程量清单计价表

序号	项目编号	项目名称	项目特征描述	计算单位	工程数量	金额（元）		
						综合单价	合价	其中
								直接费
1	011202002001	柱面装饰抹灰	柱体类型：砖混凝土柱体；材料种类，配合比，厚度：水泥砂浆，1∶3，厚 12mm；水泥白石子浆，1∶1.5，厚 10mm	m²	57.27	50.55	2895.00	35.6

表 4-28　分部分项工程量清单综合单价计算表

项目编号	011202002001		项目名称	柱面装饰抹灰	计量单位	m²	工程量	57.27

清单综合单价组成明细

定额编号	定额项目名称	定额单位	数量	单价（元/m²）			合价（元/m²）			
				人工费	材料费	机械费	人工费	材料费	机械费	管理费和利润
—	柱面装饰抹灰	m²	1.00	28.03	7.32	0.25	28.03	7.32	0.25	14.95
人工单价		小计					28.03	7.32	0.25	14.95
28 元/工日		未计价材料费					—			
清单项目综合单价（元/m²）							50.55			

【例 4-6】　如图 4-6 所示一隔断，编制分部分项工程量清单计价表及综合单价计算表。

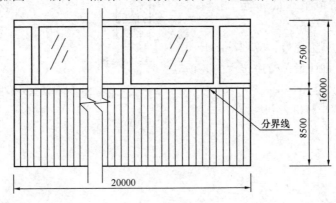

图 4-6　隔断示意图

【解】　（1）清单工程量计算：1.60×20＝32（m²）

（2）消耗量定额工程量：

1）计算工程量：

铝合金玻璃隔断：$0.76 \times 20 = 15.2$（m^2）

铝合金板条隔断：$0.85 \times 20 = 17$（m^2）

2）计算清单项目每计量单位应包括的各项工程内容的工程数量：

铝合金玻璃隔断：$15.2 \div 32 = 0.48$（m^2）

铝合金板条隔断：$17 \div 32 = 0.53$（m^2）

（3）铝合金玻璃隔断：

1）人工费：$4.41 \times 0.48 = 2.12$（元）

2）材料费：$68.6 \times 0.48 = 32.93$（元）

3）机械费：$20.81 \times 0.48 = 9.99$（元）

（4）铝合金板条隔断：

1）人工费：$3.91 \times 0.53 = 2.07$（元）

2）材料费：$100.36 \times 0.53 = 53.19$（元）

3）机械费：$1.06 \times 0.53 = 0.56$（元）

（5）综合

直接费合计：100.86 元

管理费：$100.86 \times 34\% = 34.29$（元）

利润：$100.86 \times 8\% = 8.07$（元）

综合单价：143.22 元

合计：$143.22 \times 32 = 4583.04$（元）

表 4-29　分部分项工程量清单计价表

序号	项目编号	项目名称	项目特征描述	计算单位	工程数量	金额（元）		其中
						综合单价	合价	直接费
1	011210001001	隔断	定位弹线、下料、安装龙骨、安玻璃、嵌缝清理	m^2	32	143.22	4583.04	100.86

表 4-30　分部分项工程量清单综合单价计算表

项目编号	011202002001		项目名称	柱面装饰抹灰	计量单位	m^2	工程量	32

清单综合单价组成明细										
定额编号	定额项目名称	定额单位	数量	单价（元/m^2）			合价（元/m^2）			
				人工费	材料费	机械费	人工费	材料费	机械费	管理费和利润
—	铝合金玻璃隔断	m^2	0.48	4.41	68.6	20.81	2.12	32.93	9.99	18.92
—	铝合金板条隔断	m^2	0.53	3.91	100.36	1.06	2.07	53.19	0.56	23.44
人工单价		小计					4.19	86.12	10.55	42.36
28 元/工日		未计价材料费					—			
清单项目综合单价（元/m^2）							143.22			

【例4-7】 如图4-7、图4-8所示，求内墙抹混合砂浆工程量。（做法：内墙做1∶1∶6混合砂浆抹灰δ=15mm，1∶1∶4混合砂浆抹灰δ=5mm）。

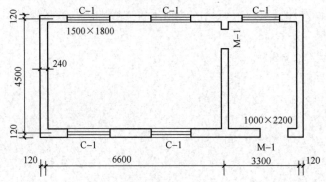

图4-7 某工程平面示意图

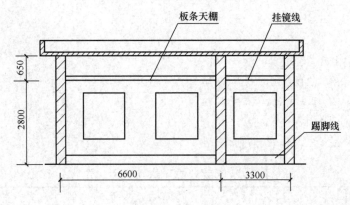

图4-8 某工程剖面示意图

【解】 工程量=(6.6-0.12×2+4.5-0.12×2)×2×(2.8+0.1)-1.5×1.8×4-1.0
　　　　×2.2+(3.3-0.12×2+4.5-0.12×2)×2×(2.8+0.1)
　　　　-1.5×1.8-1.0×2.2×2
　　　　=61.60-10.8-2.2+42.46-2.7-4.4
　　　　=83.96(m²)

【例4-8】 如图4-9所示，计算独立柱面抹石灰砂浆工程量。

【解】 工程量计算如下：

柱身：0.5×4×5.6=11.2(m²)

柱帽：[(0.5 + 0.25 × 2) + 0.5]/2 ×
$\sqrt{0.25^2+0.36^2}$×4=1.31(m²)

柱脚：(0.5×4+4×0.08×2)×0.08×2+
　　　(0.5×4+8×0.08×2)×0.15
　　　=2.64×0.16+0.49
　　　=0.91(m²)

工程量合计：11.2+1.32+0.91=13.43(m²)

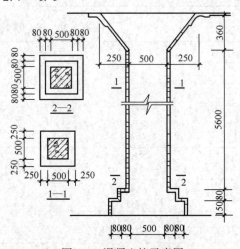

图4-9 混凝土柱示意图

4.3 天棚工程

4.3.1 清单工程量计算有关问题说明

4.3.1.1 天棚工程工程量清单项目的划分与编码

1. 清单项目的划分

(1)天棚抹灰。

(2)天棚吊顶(包括吊顶天棚、格栅吊顶、吊筒吊顶、藤条造型悬挂吊顶、织物软雕吊顶及装饰网架吊顶)。

(3)采光天棚。

(4)天棚其他装饰(包括灯带(槽),送风口、回风口)。

2. 清单项目的编码

一级编码01;二级编码13(《房屋建筑与装饰工程工程量计算规范》第十三章,天棚工程);三级编码自01～04(分别代表天棚抹灰、天棚吊顶、采光天棚、天棚其他装饰);四级编码从001开始,第三位数字依次递增;第五级编码自001开始,第三位数字依次递增,比如同一个工程中天棚抹灰有混合砂浆,还有水泥砂浆,则其编码为011301001001(天棚抹混合砂浆)、011301001002(天棚抹水泥砂浆)。

4.3.1.2 清单工程量计算有关问题说明

1. 有关项目列项问题说明

(1)天棚的检查孔、天棚内的检修走道、灯槽等应包括在报价内。

(2)天棚吊顶的平面、跌级、锯齿形、阶梯形、吊挂式、藻井式以及矩形、弧形、拱形等应在清单项目中进行描述。

2. 有关项目特征的说明

(1)"天棚抹灰"项目基层类型是指混凝土现浇板、预制混凝土板、木板条等。

(2)龙骨类型指上人或者不上人,以及平面、跌级、锯齿形、阶梯形、吊挂式、藻井式及矩形、圆弧形、拱形等类型。

(3)基层材料,是指底板或面层背后的加强材料。

(4)龙骨中距,是指相邻龙骨中线之间的距离。

(5)天棚面层适用于:石膏板(包括装饰石膏板、纸面石膏板、吸声穿孔石膏板、嵌装式装饰石膏等)、埃特板、装饰吸声罩面板(包括矿棉装饰吸声板、贴塑矿(岩)棉吸声板、膨胀珍珠岩石装饰吸声制品、玻璃棉装饰吸声板等)、塑料装饰罩面板(钙塑泡沫装饰吸声板、聚苯乙烯泡沫塑料装饰吸声板、聚氯乙烯塑料天花板等)、纤维水泥加压板(包括穿孔吸声石棉水泥板、轻质硅酸钙吊顶板等)、金属装饰板(包括铝合金罩面板、金属微孔吸声板、铝合金单体构件等)、木质饰板(胶合板、薄板、板条、水泥木丝板、刨花板等)。

(6)格栅吊顶面层适用于木格栅、金属格栅、塑料格栅等。

(7)吊筒吊顶适用于木(竹)质吊筒、金属吊筒、塑料吊筒以及圆形、矩形、扁钟形吊筒等。

(8)灯带格栅包括不锈钢格栅、铝合金格栅、玻璃类格栅等。

(9)送风口、回风口适用于金属、塑料、木质风口。

3. 有关工程量计算的说明

（1）天棚抹灰与天棚吊顶工程量计算规则有所不同：天棚抹灰不扣除柱垛所占的面积；天棚吊顶不扣除柱垛所占的面积，但应扣除独立柱所占的面积。柱垛是指与墙体相连的柱而突出墙体部分。

（2）天棚吊顶应扣除窗帘盒与天棚吊顶相连的所占的面积。

（3）格栅吊顶、吊筒吊顶、藤条造型悬挂吊顶、织物软雕吊顶、装饰网架吊顶均按设计图示的吊顶尺寸水平投影面积计算。

4.3.2 天棚工程清单工程量计算规则

4.3.2.1 天棚抹灰

工程量清单项目设置及工程量计算规则，应按表 4-31 的规定执行。

表 4-31 天棚抹灰（编码：011301）

项目编码	项目名称	项目特征	计量单位	工程量计算规则	工作内容
011301001	天棚抹灰	1. 基层类型 2. 抹灰厚度、材料种类 3. 砂浆配合比	m²	按设计图示尺寸以水平投影面积计算。不扣除间壁墙、垛、柱、附墙烟囱、检查口和管道所占的面积，带梁天棚、梁两侧抹灰面积并入天棚面积内，板式楼梯底面抹灰按斜面积计算，锯齿形楼梯底板抹灰按展开面积计算	1. 基层清理 2. 底层抹灰 3. 抹面层

4.3.2.2 天棚吊顶

工程量清单项目设置及工程量计算规则，应按表 4-32 的规定执行。

表 4-32 天棚吊顶（编码：011302）

项目编码	项目名称	项目特征	计量单位	工程量计算规则	工作内容
011302001	吊顶天棚	1. 吊顶形式、吊杆规格、高度 2. 龙骨材料种类、规格、中距 3. 基层材料种类、规格 4. 面层材料品种、规格 5. 压条材料种类、规格 6. 嵌缝材料种类 7. 防护材料种类	m²	按设计图示尺寸以水平投影面积计算。天棚面中的灯槽及跌级、锯齿形、吊挂式、藻井式天棚面积不展开计算。不扣除间壁墙、检查口、附墙烟囱、柱垛和管道所占面积，扣除单个＞0.3m² 的孔洞、独立柱及与天棚相连的窗帘盒所占的面积	1. 基层清理、吊杆安装 2. 龙骨安装 3. 基层板铺贴 4. 面层铺贴 5. 嵌缝 6. 刷防护材料

项目编码	项目名称	项目特征	计量单位	工程量计算规则	工作内容
011302002	格栅吊顶	1. 龙骨材料种类、规格、中距 2. 基层材料种类、规格 3. 面层材料品种、规格、 4. 防护材料种类			1. 基层清理 2. 安装龙骨 3. 基层板铺贴 4. 面层铺贴 5. 刷防护材料
011302003	吊筒吊顶	1. 吊筒形状、规格 2. 吊筒材料种类 3. 防护材料种类	m²	按设计图示尺寸以水平投影面积计算	1. 基层清理 2. 吊筒制作安装 3. 刷防护材料
011302004	藤条造型悬挂吊顶	1. 骨架材料种类、规格 2. 面层材料品种、规格			1. 基层清理 2. 龙骨安装 3. 铺贴面层
011302005	织物软雕吊顶				
011302006	装饰网架吊顶	网架材料品种、规格			1. 基层清理 2. 网架制作安装

4.3.2.3 采光天棚

工程量清单项目设置及工程量计算规则，应按表 4-33 的规定执行。

表 4-33　采光天棚（编码：011303）

项目编码	项目名称	项目特征	计量单位	工程量计算规则	工作内容
011303001	采光天棚	1. 骨架类型 2. 固定类型、固定材料品种、规格 3. 面层材料品种、规格 4. 嵌缝、塞口材料种类	m²	按框外围展开面积计	1. 清理基层 2. 面层制安 3. 嵌缝、塞口 4. 清洗

注：采光天棚骨架不包括在本节中，应单独按《房屋建筑与装饰工程工程量计算规范》金属结构工程相关项目编码列项。

4.3.2.4 天棚其他装饰

工程量清单项目设置及工程量计算规则，应按表 4-34 的规定执行。

表 4-34 天棚其他装饰（编码：011304）

项目编码	项目名称	项目特征	计量单位	工程量计算规则	工作内容
011304001	灯带（槽）	1. 灯带形式、尺寸 2. 格栅片材料品种、规格 3. 安装固定方式	m²	按设计图示尺寸以框外围面积计算	安装、固定
011304002	送风口、回风口	1. 风口材料品种、规格 2. 安装固定方式 3. 防护材料种类	个	按设计图示数量计算	1. 安装、固定 2. 刷防护材料

【例 4-9】 某公司会议中心吊顶平面布置图如图 4-10 所示，编制其分部分项工程量清单、综合单价及合价表。

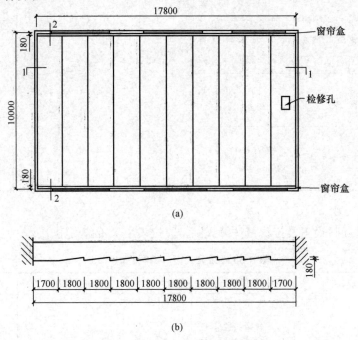

图 4-10 某会议中心吊顶平面布置图
(a) 平面图；(b) 剖面图

【解】 (1) 清单工程量计算：$17.8 \times 10 = 178$（m²）

(2) 消耗量定额工程量：

① 工程量计算：

轻钢龙骨：178m²

三合板：$(1.7 \times 2 + \sqrt{1.8^2 + 0.18^2 \times 8}) \times (10 - 0.18 \times 1.8) + 0.18 \times 1.8 \times 17.8$
$= 56.76$（m²）

石膏板：天棚装饰面层应扣除与天棚相连的窗帘盒所占的面积。

$(1.7 \times 2 + \sqrt{1.8^2 + 0.18^2 \times 8}) \times (10 - 0.18 \times 1.8) = 50.99 (m^2)$

乳胶漆：$50.99 m^2$

基层板刷防火涂料：$56.76 m^2$

②计算清单项目每计量单位应包含的各项工程内容的工程数量：

轻钢龙骨：$178 \div 178 = 1$

三合板：$56.76 \div 178 = 0.32$

石膏板：$50.99 \div 178 = 0.29$

乳胶漆：$50.99 \div 178 = 0.29$

基层板刷防火涂料：$56.76 \div 178 = 0.32$

（3）轻钢龙骨：

①人工费：11.5 元

②材料费：43.31 元

③机械费：0.12 元

（4）三合板基层：

1）人工费：6.83 元

2）材料费：15.66 元

（5）石膏板面层：

①人工费：8.8 元

②材料费：28.5 元

（6）刷乳胶漆：

①人工费：2.98 元

②材料费：5.89 元

（7）基层板刷防火涂料：

①人工费：2.27 元

②材料费：3.75 元

（8）综合

直接费合计：129.61 元

管理费：$129.61 \times 34\% = 44.07$（元）

利润：$129.61 \times 8\% = 10.37$（元）

综合单价：184.05（元/m^2）

合计：$184.05 \times 178 = 32760.9$（元）

表 4-35　分部分项工程量清单计价表

序号	项目编号	项目名称	项目特征描述	计算单位	工程数量	金额（元）		
						综合单价	合价	其中
								直接费
1	011302001001	吊顶天棚	吊顶形式：艺术造型天棚；龙骨材料类型、中距：锯齿直线型轻钢龙骨；基层材料：三合板；面层材料：石膏板刷乳胶漆；防护：基层板刷防火涂料两遍	m^2	178	184.05	32760.9	129.61

表 4-36 分部分项工程量清单综合单价计算表

项目编号	011302001001		项目名称	吊顶天棚	计量单位	m²	工程量	178

清单综合单价组成明细									
定额编号	定额项目名称	定额单位	数量	单价（元/m²）			合价（元/m²）		
				人工费	材料费	机械费	人工费	材料费	机械费	管理费和利润

定额编号	定额项目名称	定额单位	数量	人工费	材料费	机械费	人工费	材料费	机械费	管理费和利润
—	吊件加工安装龙骨	m²	1.00	11.5	43.31	0.12	11.5	43.31	0.12	23.07
—	安装三合板基层	m²	0.32	6.83	15.66	—	6.83	15.66	—	9.45
—	安装石膏板面层	m²	0.29	8.8	28.5	—	8.8	28.5	—	15.66
—	刷乳胶漆	m²	0.29	2.98	5.89	—	2.98	5.89	—	3.73
—	基层板刷防火涂料	m²	0.32	2.27	3.75	—	2.27	3.75	—	2.53
人工单价		小计					32.38	97.11	0.12	54.44
28元/工日		未计价材料费					—			
清单项目综合单价（元/m²）							184.05			

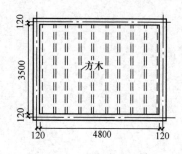

图 4-11 顶棚吊顶示意图

【例 4-10】 如图 4-11 所示的一级顶棚吊顶，方楞木直接搁在砖墙上，计算方木楞工程量。

【解】 工程量＝顶棚的面积＝3.5×4.8＝16.8（m²）

【例 4-11】 如图 4-12 所示，顶棚采用不上人型双层结构。基层用轻钢龙骨，面层用纸面石膏板（面层规格500mm×500mm），试计算工程量。

【解】 根据工程量计算规则，天棚工程量按实铺展开面积计算。

工程量＝12×6＋(9.6＋3.6)×2×0.6＝87.84(m²)

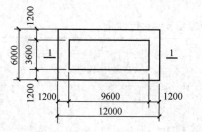

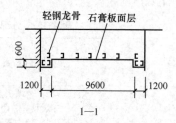

图 4-12 某房间天棚示意图

4.4 门窗工程

4.4.1 清单工程量计算有关问题说明

4.4.1.1 门窗工程工程量清单项目的划分与编码

1. 清单项目的划分

(1) 木门（包括木质门、木质门带套、木质连窗门、木质防火门、木门框、门锁安装）。

(2) 金属门（包括金属（塑钢）门、彩板门、钢质防火门，防盗门）。

(3) 金属卷帘（闸）门（包括金属卷帘（闸）门、防火卷帘（闸）门）。

(4) 厂库房大门、特种门（包括木板大门、钢木大门、全钢板大门、防护铁丝门、金属格栅门、钢质花饰大门、特种门）。

(5) 其他门（包括电子感应门、旋转门、电子对讲门、电动伸缩门、全玻自由门、镜面不锈钢饰面门、复合材料门）。

(6) 木窗（包括木质窗、木飘（凸）窗、木橱窗、木纱窗）。

(7) 金属窗（包括金属（塑钢、断桥）窗、金属防火窗、金属百叶窗、金属纱窗、金属格栅窗、金属（塑钢、断桥）橱窗、金属（塑钢、断桥）飘（凸）窗、彩板窗、复合材料窗）。

(8) 门窗套（包括木门窗套、木筒子板、饰面夹板筒子板、金属门窗套、石材门窗套、门窗木贴脸、成品木门窗套）。

(9) 窗台板（包括木、铝塑、金属、石材窗台板）

(10) 窗帘、窗帘盒、轨（包括窗帘，木窗帘盒，饰面夹板、塑料窗帘盒，铝合金窗帘盒、窗帘轨）

2. 清单项目的编码

一级编码01；二级编码08（《房屋建筑与装饰工程工程量计算规范》第八章，门窗工程）；三级编码自01～10（从木门至窗帘、窗帘盒、轨）；四级编码从001开始，根据同一个全部项目中清单项目多少，四级编码的第三位数字依次递增，如木门项目中，从木质门至门锁安装四级编码从001～006；五级编码从001开始，对洞口大小不同的同一类型门窗，其第五级编码应分别设置。

4.4.1.2 清单工程量计算有关问题说明

1. 有关项目列项问题说明

(1) 木门窗五金包括：折页、插销、门碰珠、弓背拉手、搭机、木螺丝、弹簧折页（自动门）、管子拉手（自由门、地弹门）、地弹簧（地弹门）、角铁、门轨头（地弹门、自由门）、风钩、滑楞滑轨（推拉窗）等。

(2) 铝合金门窗五金包括：地弹簧、门锁、拉手、门插、门铰、螺丝、折页、执手、卡锁、风撑、滑轮、滑轨、拉把、角码、牛角制等。

(3) 金属门五金包括：L型执手插锁（双舌）、执手锁（单舌）、门轨头、地锁、防盗门机、门眼（猫眼）、门碰珠、电子锁（磁卡锁）、闭门器、装饰拉手等。

(4) 实木装饰门项目也适用于竹压板装饰门。

(5) 旋转门项目适用于电子感应和人力推动转门。

2. 有关项目特征的说明

（1）项目特征中的门窗代号是指带亮子或不带亮子，带纱或不带纱，单扇、双扇或三扇，半百叶或全百叶，半玻或全玻，全玻自由门或半玻自由门，带门框或不带门框、单独门框和开启方式（平开、推拉、折叠）等。

（2）框截面尺寸（或面积）指边立梃截面尺寸或面积。

（3）凡面层材料有品种、规格要求的，应在工程量清单中进行描述。

（4）门窗套、贴脸板、筒子板和窗台板项目，包括底层抹灰，如底层抹灰已包括在墙、柱面底层抹灰内，应在工程量清单中进行描述。

3. 有关工程量计算说明

（1）门窗工程量均以"樘"计算，如遇框架结构的连续长窗也以"樘"计算，但对连续长窗的扇数和洞口尺寸应在工程量清单中进行描述。

（2）门窗套、门窗贴脸、筒子板"以展开面积计算"，即指按其铺钉面积计算。

（3）窗帘盒、窗台板，若为弧形时，其长度以中心线计算。

4. 有关工程内容的说明

（1）木门窗的制作应考虑木材的干燥损耗、刨光损耗、下料后备长度、门窗走头增加的体积等。

（2）防护材料可分为防火、防腐、防虫、防潮、耐磨、耐老化等材料，应根据清单项目要求报价。

4.4.2　门窗工程清单工程量计算规则

4.4.2.1　木门

工程量清单项目设置及工程量计算规则，应按表 4-37 的规定执行。

表 4-37　木门（编码：010801）

项目编码	项目名称	项目特征	计量单位	工程量计算规则	工作内容
010801001	木质门	1. 门代号及洞口尺寸 2. 镶嵌玻璃品种、厚度	1. 樘 2. m²	1. 以樘计量，按设计图示数量计算 2. 以平方米计量，按设计图示洞口尺寸以面积计算	1. 门安装 2. 玻璃安装 3. 五金安装
010801002	木质门带套				
010801003	木质连窗门				
010801004	木质防火门				
010801005	木门框	1. 门代号及洞口尺寸 2. 框截面尺寸 3. 防护材料种类	1. 樘 2. m	1. 以樘计量，按设计图示数量计算 2. 以米计量，按设计图示框的中心线以延长米计算	1. 木门框制作、安装 2. 运输 3. 刷防护材料
010801006	门锁安装	1. 锁品种 2. 锁规格	个（套）	按设计图示数量计算	安装

注：1. 木质门应区分木镶板木门、企口木板门、实木装饰门、胶合板门、夹板装饰门、木纱门、全玻门（带木质扇框）、木质半玻门（带木质扇框）等项目，分别编码列项。

2. 木门五金应包括：折页、插销、门碰珠、弓背拉手、搭机、木螺丝、弹簧折页（自动门）、管子拉手（自由门、地弹门）、地弹簧（地弹门）、角铁、门轧头（地弹门、自由门）等。

3. 木质门带套计量按洞口尺寸以面积计算，不包括门套的面积，但门套应计算在综合单价中。

4. 以樘计量，项目特征必须描述洞口尺寸；以平方米计量，项目特征可不描述洞口尺寸。

5. 单独制作安装木门框按木门框项目编码列项。

4.4.2.2 金属门

工程量清单项目设置及工程量计算规则，应按表4-38的规定执行。

表4-38 金属门（编码：010802）

项目编码	项目名称	项目特征	计量单位	工程量计算规则	工作内容
010802001	金属（塑钢）门	1. 门代号及洞口尺寸 2. 门框或扇外围尺寸 3. 门框、扇材质 4. 玻璃品种、厚度	1. 樘 2. m²	1. 以樘计量，按设计图示数量计算 2. 以平方米计量，按设计图示洞口尺寸以面积计算	1. 门安装 2. 五金安装 3. 玻璃安装
010802002	彩板门	1. 门代号及洞口尺寸 2. 门框或扇外围尺寸			
010802003	钢质防火门	1. 门代号及洞口尺寸 2. 门框或扇外围尺寸 3. 门框、扇材质			1. 门安装 2. 五金安装
010802004	防盗门				

注：1. 金属门应区分金属平开门、金属推拉门、金属地弹门、全玻门（带金属扇框）、金属半玻门（带扇框）等项目，分别编码列项。

2. 铝合金门五金包括：地弹簧、门锁、拉手、门插、门铰、螺丝等。

3. 金属门五金包括L型执手插锁（双舌）、执手锁（单舌）、门轨头、地锁、防盗门机、门眼（猫眼）、门碰珠、电子锁（磁卡锁）、闭门器、装饰拉手等。

4. 以樘计量，项目特征必须描述洞口尺寸，没有洞口尺寸必须描述门框或扇外围尺寸，以平方米计量，项目特征可不描述洞口尺寸及框、扇的外围尺寸。

5. 以平方米计量，无设计图示洞口尺寸，按门框、扇外围以面积计算。

4.4.2.3 金属卷帘（闸）门

工程量清单项目设置及工程量计算规则，应按表4-39的规定执行。

表4-39 金属卷帘（闸）门（编码：010803）

项目编码	项目名称	项目特征	计量单位	工程量计算规则	工作内容
010803001	金属卷帘（闸）门	1. 门代号及洞口尺寸 2. 门材质 3. 启动装置品种、规格	1. 樘 2. m²	1. 以樘计量，按设计图示数量计算 2. 以平方米计量，按设计图示洞口尺寸以面积计算	1. 门运输、安装 2. 启动装置、活动小门、五金安装
010803002	防火卷帘（闸）门				

注：以樘计量，项目特征必须描述洞口尺寸；以平方米计量，项目特征可不描述洞口尺寸。

4.4.2.4 厂库房大门、特种门

工程量清单项目设置及工程量计算规则，应按表 4-40 的规定执行。

表 4-40 厂库房大门、特种门（编码：010804）

项目编码	项目名称	项目特征	计量单位	工程量计算规则	工作内容
010804001	木板大门	1. 门代号及洞口尺寸 2. 门框或扇外围尺寸	1. 樘 2. m²	1. 以樘计量，按设计图示数量计算 2. 以平方米计量，按设计图示洞口尺寸以面积计算	1. 门（骨架）制作、运输 2. 门、五金配件安装 3. 刷防护材料
010804002	钢木大门				
010804003	全钢板大门				
010804004	防护铁丝门	3. 门框、扇材质 4. 五金种类、规格 5. 防护材料种类		1. 以樘计量，按设计图示数量计算 2. 以平方米计量，按设计图示门框或扇以面积计算	
010804005	金属格栅门	1. 门代号及洞口尺寸 2. 门框或扇外围尺寸 3. 门框、扇材质 4. 启动装置的品种、规格		1. 以樘计量，按设计图示数量计算 2. 以平方米计量，按设计图示洞口尺寸以面积计算	1. 门安装 2. 启动装置、五金配件安装
010804006	钢质花饰大门	1. 门代号及洞口尺寸 2. 门框或扇外围尺寸 3. 门框、扇材质		1. 以樘计量，按设计图示数量计算 2. 以平方米计量，按设计图示门框或扇以面积计算	1. 门安装 2. 五金配件安装
010804007	特种门			1. 以樘计量，按设计图示数量计算 2. 以平方米计量，按设计图示洞口尺寸以面积计算	

注：1. 特种门应区分冷藏门、冷冻间门、保温门、变电室门、隔声门、防射电门、人防门、金库门等项目，分别编码列项。

    2. 以樘计量，项目特征必须描述洞口尺寸，没有洞口尺寸必须描述门框或扇外围尺寸；以平方米计量，项目特征可不描述洞口尺寸及框、扇的外围尺寸。

    3. 以平方米计量，无设计图示洞口尺寸，按门框、扇外围以面积计算。

4.4.2.5 其他门

工程量清单项目设置及工程量计算规则，应按表 4-41 的规定执行。

表 4-41 其他门（编码：010805）

项目编码	项目名称	项目特征	计量单位	工程量计算规则	工作内容
010805001	电子感应门	1. 门代号及洞口尺寸 2. 门框或扇外围尺寸 3. 门框、扇材质 4. 玻璃品种、厚度 5. 启动装置的品种、规格 6. 电子配件品种、规格	1. 樘 2. m²	1. 以樘计量，按设计图示数量计算 2. 以平方米计量，按设计图示洞口尺寸以面积计算	1. 门安装 2. 启动装置、五金、电子配件安装
010805002	旋转门				
010805003	电子对讲门	1. 门代号及洞口尺寸 2. 门框或扇外围尺寸 3. 门材质 4. 玻璃品种、厚度 5. 启动装置的品种、规格 6. 电子配件品种、规格			
010805004	电动伸缩门				
010805005	全玻自由门	1. 门代号及洞口尺寸 2. 门框或扇外围尺寸 3. 框材质 4. 玻璃品种、厚度			1. 门安装 2. 五金安装
010805006	镜面不锈钢饰面门	1. 门代号及洞口尺寸 2. 门框或扇外围尺寸 3. 框、扇材质 4. 玻璃品种、厚度			
010805007	复合材料门				

注：1. 以樘计量，项目特征必须描述洞口尺寸，没有洞口尺寸必须描述门框或扇外围尺寸；以平方米计量，项目特征可不描述洞口尺寸及框、扇的外围尺寸。

2. 以平方米计量，无设计图示洞口尺寸，按门框、扇外围以面积计算。

4.4.2.6 木窗

工程量清单项目设置及工程量计算规则，应按表 4-42 的规定执行。

表 4-42　木窗（编码：010806）

项目编码	项目名称	项目特征	计量单位	工程量计算规则	工作内容
010806001	木质窗	1. 窗代号及洞口尺寸 2. 玻璃品种、厚度		1. 以樘计量，按设计图示数量计算 2. 以平方米计量，按设计图示洞口尺寸以面积计算	1. 窗安装 2. 五金、玻璃安装
010806002	木飘（凸）窗				
010806003	木橱窗	1. 窗代号 2. 框截面及外围展开面积 3. 玻璃品种、厚度 4. 防护材料种类	1. 樘 2. m²	1. 以樘计量，按设计图示数量计算 2. 以平方米计量，按设计图示尺寸以框外围展开面积计算	1. 窗制作、运输、安装 2. 五金、玻璃安装 3. 刷防护材料
010806004	木纱窗	1. 窗代号及框的外围尺寸 2. 窗纱材料品种、规格		1. 以樘计量，按设计图示数量计算 2. 以平方米计量，按框的外围尺寸以面积计算	1. 窗安装 2. 五金安装

注：1. 木质窗应区分木百叶窗、木组合窗、木天窗、木固定窗、木装饰空花窗等项目，分别编码列项。
　　2. 以樘计量，项目特征必须描述洞口尺寸，没有洞口尺寸必须描述窗框外围尺寸；以平方米计量，项目特征可不描述洞口尺寸及框的外围尺寸。
　　3. 以平方米计量，无设计图示洞口尺寸，按窗框外围以面积计算。
　　4. 木橱窗、木飘（凸）窗以樘计量，项目特征必须描述框截面及外围展开面积。
　　5. 木窗五金包括：折页、插销、风钩、木螺丝、滑楞滑轨（推拉窗）等。

4.4.2.7 金属窗

工程量清单项目设置及工程量计算规则，应按表 4-43 的规定执行。

表 4-43　金属窗（编码：010807）

项目编码	项目名称	项目特征	计量单位	工程量计算规则	工作内容
010807001	金属（塑钢、断桥）窗	1. 窗代号及洞口尺寸 2. 框、扇材质 3. 玻璃品种、厚度		1. 以樘计量，按设计图示数量计算 2. 以平方米计量，按设计图示洞口尺寸以面积计算	1. 窗安装 2. 五金、玻璃安装
010807002	金属防火窗				
010807003	金属百叶窗				
010807004	金属纱窗	1. 窗代号及框的外围尺寸 2. 框材质 3. 窗纱材料品种、规格		1. 以樘计量，按设计图示数量计算 2. 以平方米计量，按框的外围尺寸以面积计算	1. 窗安装 2. 五金安装
010807005	金属格栅窗	1. 窗代号及洞口尺寸 2. 框外围尺寸 3. 框、扇材质	1. 樘 2. m²	1. 以樘计量，按设计图示数量计算 2. 以平方米计量，按设计图示洞口尺寸以面积计算	
010807006	金属（塑钢、断桥）橱窗	1. 窗代号 2. 框外围展开面积 3. 框、扇材质 4. 玻璃品种、厚度 5. 防护材料种类		1. 以樘计量，按设计图示数量计算 2. 以平方米计量，按设计图示尺寸以框外围展开面积计算	1. 窗制作、运输、安装 2. 五金、玻璃安装 3. 刷防护材料
010807007	金属（塑钢、断桥）飘（凸）窗	1. 窗代号 2. 框外围展开面积 3. 框、扇材质 4. 玻璃品种、厚度		1. 以樘计量，按设计图示数量计算 2. 以平方米计量，按设计图示洞口尺寸或框外围以面积计算	1. 窗安装 2. 五金、玻璃安装
010807008	彩板窗	1. 窗代号及洞口尺寸 2. 框外围尺寸 3. 框、扇材质 4. 玻璃品种、厚度			
010807009	复合材料窗				

注：1. 金属窗应区分金属组合窗、防盗窗等项目，分别编码列项。

2. 以樘计量，项目特征必须描述洞口尺寸，没有洞口尺寸必须描述窗框外围尺寸；以平方米计量，项目特征可不描述洞口尺寸及框的外围尺寸。

3. 以平方米计量，无设计图示洞口尺寸，按窗框外围以面积计算。

4. 金属橱窗、飘（凸）窗以樘计量，项目特征必须描述框外围展开面积。

5. 金属窗五金包括：折页、螺丝、执手、卡锁、风撑、滑轮、滑轨、拉把、拉手、角码、牛角制等。

4.4.2.8 门窗套

工程量清单项目设置及工程量计算规则，应按表 4-44 的规定执行。

表 4-44　门窗套（编码：010808）

项目编码	项目名称	项目特征	计量单位	工程量计算规则	工作内容
010808001	木门窗套	1. 窗代号及洞口尺寸 2. 门窗套展开宽度 3. 基层材料种类 4. 面层材料品种、规格 5. 线条品种、规格 6. 防护材料种类	1. 樘 2. m² 3. m	1. 以樘计量，按设计图示数量计算 2. 以平方米计量，按设计图示尺寸以展开面积计算 3. 以米计量，按设计图示中心以延长米计算	1. 清理基层 2. 立筋制作、安装 3. 基层板安装 4. 面层铺贴 5. 线条安装 6. 刷防护材料
010808002	木筒子板	1. 筒子板宽度 2. 基层材料种类 3. 面层材料品种、规格 4. 线条品种、规格 5. 防护材料种类			
010808003	饰面夹板筒子板				
010808004	金属门窗套	1. 窗代号及洞口尺寸 2. 门窗套展开宽度 3. 基层材料种类 4. 面层材料品种、规格 5. 防护材料种类			1. 清理基层 2. 立筋制作、安装 3. 基层板安装 4. 面层铺贴 5. 刷防护材料
010808005	石材门窗套	1. 窗代号及洞口尺寸 2. 门窗套展开宽度 3. 粘结层厚度、砂浆配合比 4. 面层材料品种、规格 5. 线条品种、规格			1. 清理基层 2. 立筋制作、安装 3. 基层抹灰 4. 面层铺贴 5. 线条安装

続表

项目编码	项目名称	项目特征	计量单位	工程量计算规则	工作内容
010808006	门窗木贴脸	1. 门窗代号及洞口尺寸 2. 贴脸板宽度 3. 防护材料种类	1. 樘 2. m	1. 以樘计量，按设计图示数量计算 2. 以米计量，按设计图示尺寸以延长米计算	安装
010808007	成品木门窗套	1. 门窗代号及洞口尺寸 2. 门窗套展开宽度 3. 门窗套材料品种、规格	1. 樘 2. m² 3. m	1. 以樘计量，按设计图示数量计算 2. 以平方米计量，按设计图示尺寸以展开面积计算 3. 以米计量，按设计图示中心以延长米计算	1. 清理基层 2. 立筋制作、安装 3. 板安装

注：1. 以樘计量，项目特征必须描述洞口尺寸、门窗套展开宽度。
　　2. 以平方米计量，项目特征可不描述洞口尺寸、门窗套展开宽度。
　　3. 以米计量，项目特征必须描述门窗套展开宽度、筒子板及贴脸宽度。
　　4. 木门窗套适用于单独门窗套的制作、安装。

4.4.2.9　窗台板

工程量清单项目设置及工程量计算规则，应按表4-45的规定执行。

表4-45　窗台板（编码：010809）

项目编码	项目名称	项目特征	计量单位	工程量计算规则	工作内容
010809001	木窗台板	1. 基层材料种类 2. 窗台面板材质、规格、颜色 3. 防护材料种类	m²	按设计图示尺寸以展开面积计算	1. 基层清理 2. 基层制作、安装 3. 窗台板制作、安装 4. 刷防护材料
010809002	铝塑窗台板				
010809003	金属窗台板				
010809004	石材窗台板	1. 粘结层厚度、砂浆配合比 2. 窗台板材质、规格、颜色			1. 基层清理 2. 抹找平层 3. 窗台板制作、安装

4.4.2.10　窗帘、窗帘盒、轨

工程量清单项目设置及工程量计算规则，应按表4-46的规定执行。

121

表 4-46 窗帘、窗帘盒、轨（编码：010810）

项目编码	项目名称	项目特征	计量单位	工程量计算规则	工作内容
010810001	窗帘	1. 窗帘材质 2. 窗帘高度、宽度 3. 窗帘层数 4. 带幔要求	1. m 2. m²	1. 以米计量，按设计图示尺寸以成活后长度计算 2. 以平方米计量，按图示尺寸以成活后展开面积计算	1. 制作、运输 2. 安装
010810002	木窗帘盒	1. 窗帘盒材质、规格 2. 防护材料种类	m	按设计图示尺寸以长度计算	1. 制作、运输、安装 2. 刷防护材料
010810003	饰面夹板、塑料窗帘盒				
010810004	铝合金窗帘盒				
010810005	窗帘轨	1. 窗帘轨材质、规格 2. 轨的数量 3. 防护材料种类			

注：1. 窗帘若是双层，项目特征必须描述每层材质。
　　2. 窗帘以米计量，项目特征必须描述窗帘高度和宽。

【例 4-12】 如图 4-13 所示，计算带亮子带纱门连窗工程量。

【解】 工程量计算如下：

$1.0 \times (1.0 + 1.85) + 2.15 \times 1.85 = 6.83 (m^2)$

【例 4-13】 制作安装折线形铝合金固定窗 6 扇，如图 4-14 所示，求其工程量（假设窗高 1.8m，每扇宽 0.8m）。

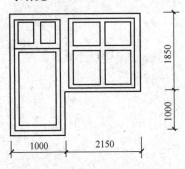

图 4-13 带亮子带纱门连窗

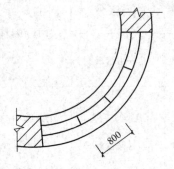

图 4-14 异形门窗平面示意图

【解】 工程量计算如下：

$0.8 \times 1.8 \times 6 = 8.64 (m^2)$

4.5 油漆、涂料、裱糊工程

4.5.1 清单工程量计算有关问题说明

4.5.1.1 油漆、涂料、裱糊工程工程量清单项目的划分与编码

1. 清单项目的划分

(1) 门油漆（包括木门油漆、金属门油漆）。

(2) 窗油漆（包括木窗油漆、金属窗油漆）。

(3) 木扶手及其他板条、线条油漆（木扶手及其他板条、线条包括木扶手油漆，窗帘盒油漆，封檐板、顺水板油漆，挂衣板、黑板框油漆，挂镜线、窗帘棍、单独木线油漆）。

(4) 木材面油漆（包括木护墙、木墙裙油漆，窗台板、筒子板、盖板、门窗套、踢脚线油漆，清水板条天棚、檐口油漆，木方格吊顶天棚油漆，吸声板墙面、天棚面油漆，暖气罩油漆，其他木材面，木间壁、木隔断油漆，玻璃间壁露明墙筋油漆，木栅栏、木栏杆（带扶手）油漆，衣柜、壁柜油漆，梁柱饰面油漆，零星木装修油漆，木地板油漆，木地板烫硬蜡面）。

(5) 金属面油漆。

(6) 抹灰面油漆（包括抹灰面油漆、抹灰线条油漆、满刮腻子）。

(7) 喷刷涂料（包括墙面喷刷涂料，天棚喷刷涂料，空花格、栏杆刷涂料，线条刷涂料，金属构件刷防火涂料，木材构件喷刷防火涂料）。

(8) 裱糊（包括墙纸裱糊、织锦缎裱糊）。

2. 清单项目的编码

一级编码 01；二级编码 14（《房屋建筑与装饰工程工程量计算规范》第十四章，油漆、涂料、裱糊工程）；三级编码自 01～08（包括门窗油漆、木材面油漆、金属面油漆等八个分部）；四级编码从 001 开始，根据每个分部内包含的清单项目多少，第三位数字依次递增；五级编码自 001 开始。

4.5.1.2 清单工程量计算有关问题说明

1. 有关项目列项问题说明

(1) 有关项目中已包括油漆、涂料的不再单独列项。

(2) 连窗门可按门油漆项目编码列项。

(3) 木扶手应区分带托板与不带托板，分别编码列项，若是木栏杆带扶手，木扶手不应单独列项，应包含在木栏杆油漆中。

2. 有关工程特征的说明

(1) 门类型应分为镶板门、木板门、胶合板门、装饰实木门、木纱门、木质防火门、连窗门、平开门、推拉门、单扇门、双扇门、带纱门、全玻门（带木扇框）、半玻门、半百叶门、全百叶门以及带亮子、不带亮子、有门框、无门框和单独门框等油漆。

(2) 窗类型可分为平开窗、推拉窗、提拉窗、固定窗、空花窗、百叶窗以及单扇窗、双扇窗、多扇窗、单层窗、双层窗、带亮子、不带亮子等。

(3) 腻子种类分为石膏油腻子（熟桐油、石膏粉、适量水）、胶腻子（大白、色粉、羧甲基纤维素）、漆片腻子（漆片、酒精、石膏粉、适量色粉）、油腻子（矾石粉、桐油、脂肪酸、松香）等。

（4）刮腻子要求，分为刮腻子遍数（道数）或满刮腻子或找补腻子等。

3. 有关工程量计算的说明

（1）楼梯木扶手工程量按中心线斜长计算，弯头长度应计算在扶手长度内。

（2）挡风板工程量按中心线斜长计算，有大刀头的，每个大刀头增加长度50cm。

（3）木护墙、木墙裙油漆按垂直投影面积计算。

（4）台板、筒子板、盖板、门窗套、踢脚线油漆按水平或垂直投影面积（门窗套的贴脸板和筒子板垂直投影面积合并）计算。

（5）清水板条天棚、檐口油漆、木方格吊顶天棚油漆以水平投影面积计算，不扣除空洞面积。

（6）暖气罩油漆，垂直面按垂直投影面积计算，突出墙面的水平面按水平投影面积计算，不扣除空洞面积。

（7）工程量以面积计算的油漆、涂料项目，线角、线条、压条等不展开计算。

4. 有关工程内容的说明

（1）有线角、线条、压条的油漆、涂料面的工料消耗应包括在报价内。

（2）灰面的油漆、涂料，应注意其基层的类型，例如：一般抹灰墙柱面与拉条灰、拉毛灰、甩毛灰等油漆、涂料的耗工量与材料消耗量的不同。

（3）空花格、栏杆刷涂料工程量按外框单面垂直投影面积计算，应注意其展开面积，工料消耗应包括在报价内。

（4）刮腻子时应注意刮腻子遍数，是满刮，还是找补腻子。

（5）墙纸和织锦缎的裱糊，应注意要求对花还是不对花。

4.5.2 油漆、涂料、裱糊工程清单工程量计算规则

4.5.2.1 门油漆

工程量清单项目设置及工程量计算规则，应按表4-47的规定执行。

表4-47 门油漆（编码：011401）

项目编码	项目名称	项目特征	计量单位	工程量计算规则	工作内容
011401001	木门油漆	1. 门类型 2. 门代号及洞口尺寸 3. 腻子种类 4. 刮腻子遍数 5. 防护材料种类 6. 油漆品种、刷漆遍数	1. 樘 2. m²	1. 以樘计量，按设计图示数量计量 2. 以平方米计量，按设计图示洞口尺寸以面积计算	1. 基层清理 2. 刮腻子 3. 刷防护材料、油漆
011401002	金属门油漆				1. 除锈、基层清理 2. 刮腻子 3. 刷防护材料、油漆

注：1. 木门油漆应区分木大门、单层木门、双层（一玻一纱）木门、双层（单裁口）木门、全玻自由门、半玻自由门、装饰门及有框门或无框门等项目，分别编码列项。

2. 金属门油漆应区分平开门、推拉门、钢制防火门等项目，分别编码列项。

3. 以平方米计量，项目特征可不必描述洞口尺寸。

4.5.2.2 窗油漆

工程量清单项目设置及工程量计算规则，应按表4-48的规定执行。

表 4-48　窗油漆（编码：011402）

项目编码	项目名称	项目特征	计量单位	工程量计算规则	工作内容
011402001	木窗油漆	1. 窗类型 2. 窗代号及洞口尺寸 3. 腻子种类 4. 刮腻子遍数 5. 防护材料种类 6. 油漆品种、刷漆遍数	1. 樘 2. m²	1. 以樘计量，按设计图示数量计量 2. 以平方米计量，按设计图示洞口尺寸以面积计算	1. 基层清理 2. 刮腻子 3. 刷防护材料、油漆
011402002	金属窗油漆				1. 除锈、基层清理 2. 刮腻子 3. 刷防护材料、油漆

注：1. 木窗油漆应区分单层木门、双层（一玻一纱）木窗、双层框扇（单裁口）木窗、双层框三层（二玻一纱）木窗、单层组合窗、双层组合窗、木百叶窗、木推拉窗等项目，分别编码列项。

　　2. 金属窗油漆应区分平开窗、推拉窗、固定窗、组合窗、金属隔栅窗等项目，分别编码列项。

　　3. 以平方米计量，项目特征可不必描述洞口尺寸。

4.5.2.3 扶手及其他板条、线条油漆

工程量清单项目设置及工程量计算规则，应按表4-49的规定执行。

表 4-49　木扶手及其他板条、线条油漆（编码：011403）

项目编码	项目名称	项目特征	计量单位	工程量计算规则	工作内容
011403001	木扶手油漆	1. 断面尺寸 2. 腻子种类 3. 刮腻子遍数 4. 防护材料种类 5. 油漆品种、刷漆遍数	m	按设计图示尺寸以长度计算	1. 基层清理 2. 刮腻子 3. 刷防护材料、油漆
011403002	窗帘盒油漆				
011403003	封檐板、顺水板油漆				
011403004	挂衣板、黑板框油漆				
011403005	挂镜线、窗帘棍、单独木线油漆				

注：木扶手应区分带托板与不带托板，分别编码列项，若是木栏杆带扶手，木扶手不应单独列项，应包含在木栏杆油漆中。

4.5.2.4 木材面油漆

工程量清单项目设置及工程量计算规则，应按表4-50的规定执行。

表 4-50　木材面油漆（编码：011404）

项目编码	项目名称	项目特征	计量单位	工程量计算规则	工作内容
011404001	木护墙、木墙裙油漆			按设计图示尺寸以面积计算	
011404002	窗台板、筒子板、盖板、门窗套、踢脚线油漆				
011404003	清水板条天棚、檐口油漆				
011404004	木方格吊顶天棚油漆				
011404005	吸声板墙面、天棚面油漆				
011404006	暖气罩油漆				
011404007	其他木材面	1. 腻子种类 2. 刮腻子遍数 3. 防护材料种类 4. 油漆品种、刷漆遍数	m²		1. 基层清理 2. 刮腻子 3. 刷防护材料、油漆
011404008	木间壁、木隔断油漆			按设计图示尺寸以单面外围面积计算	
011404009	玻璃间壁露明墙筋油漆				
011404010	木栅栏、木栏杆（带扶手）油漆				
011404011	衣柜、壁柜油漆				
011404012	梁柱饰面油漆			按设计图示尺寸以油漆部分展开面积计算	
011404013	零星木装修油漆				
011404014	木地板油漆			按设计图示尺寸以面积计算。空洞、空圈、暖气包槽、壁龛的开口部分并入相应的工程量内	
011404015	木地板烫硬蜡面	1. 硬蜡品种 2. 面层处理要求			1. 基层清理 2. 烫蜡

4.5.2.5　金属面油漆

　　工程量清单项目设置及工程量计算规则，应按表 4-51 的规定执行。

126

表 4-51 金属面油漆 (编码：011405)

项目编码	项目名称	项目特征	计量单位	工程量计算规则	工作内容
011405001	金属面油漆	1. 构件名称 2. 腻子种类 3. 刮腻子要求 4. 防护材料种类 5. 油漆品种、刷漆遍数	1. t 2. m²	1. 以吨计量，按设计图示尺寸以质量计算 2. 以平方米计量，按设计展开面积计算	1. 基层清理 2. 刮腻子 3. 刷防护材料、油漆

4.5.2.6 抹灰面油漆

工程量清单项目设置及工程量计算规则，应按表 4-52 的规定执行。

表 4-52 抹灰面油漆 (编码：011406)

项目编码	项目名称	项目特征	计量单位	工程量计算规则	工作内容
011406001	抹灰面油漆	1. 基层类型 2. 腻子种类 3. 刮腻子遍数 4. 防护材料种类 5. 油漆品种、刷漆遍数 6. 部位	m²	按设计图示尺寸以面积计算	1. 基层清理 2. 刮腻子 3. 刷防护材料、油漆
011406002	抹灰线条油漆	1. 线条宽度、道数 2. 腻子种类 3. 刮腻子遍数 4. 防护材料种类 5. 油漆品种、刷漆遍数	m	按设计图示尺寸以长度计算	
011406003	满刮腻子	1. 基层类型 2. 腻子种类 3. 刮腻子遍数	m²	按设计图示尺寸以面积计算	1. 基层清理 2. 刮腻子

4.5.2.7 喷刷涂料

工程量清单项目设置及工程量计算规则，应按表 4-53 的规定执行。

表 4-53　喷刷涂料（编码：011407）

项目编码	项目名称	项目特征	计量单位	工程量计算规则	工作内容
011407001	墙面喷刷涂料	1. 基层类型 2. 喷刷涂料部位 3. 腻子种类 4. 刮腻子要求 5. 涂料品种、喷刷遍数	m²	按设计图示尺寸以面积计算	1. 基层清理 2. 刮腻子 3. 刷、喷涂料
011407002	天棚喷刷涂料				
011407003	空花格、栏杆刷涂料	1. 腻子种类 2. 刮腻子遍数 3. 涂料品种、刷喷遍数		按设计图示尺寸以单面外围面积计算	
011407004	线条刷涂料	1. 基层清理 2. 线条宽度 3. 刮腻子遍数 4. 刷防护材料、油漆	m	按设计图示尺寸以长度计算	
011407005	金属构件刷防火涂料	1. 喷刷防火涂料构件名称 2. 防火等级要求 3. 涂料品种、喷刷遍数	1. m² 2. t	1. 以吨计量，按设计图示尺寸以质量计算 2. 以平方米计量，按设计展开面积计算	1. 基层清理 2. 刷防护材料、油漆
011407006	木材构件喷刷防火涂料		m²	以平方米计量，按设计图示尺寸以面积计算	1. 基层清理 2. 刷防火材料

注：喷刷墙面涂料部位要注明内墙或外墙。

4.5.2.8　裱糊

工程量清单项目设置及工程量计算规则，应按表 4-54 的规定执行。

表 4-54　裱糊（编码：011408）

项目编码	项目名称	项目特征	计量单位	工程量计算规则	工作内容
011408001	墙纸裱糊	1. 基层类型 2. 裱糊部位 3. 腻子种类 4. 刮腻子遍数 5. 粘结材料种类 6. 防护材料种类 7. 面层材料品种、规格、颜色	m²	按设计图示尺寸以面积计算	1. 基层清理 2. 刮腻子 3. 面层铺粘 4. 刷防护材料
011408002	织锦缎裱糊				

【例 4-14】 如图 4-15 所示，某房间墙面糊裱金属墙纸，计算其工程量。

【解】 工程量：

$(3.5+4.5)×2×2.5-1.6×1.2-0.9×2.1=36.19(m^2)$

【例 4-15】 如图 4-16 所示，某房间墙裙高 1.5m，窗台高 1.0m，窗洞侧油漆宽 100mm。求墙裙油漆的工程量。

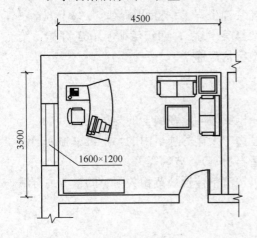

图 4-15　书房平面布置图

注：1. 窗尺寸宽×高=1600mm×1200mm；

2. 门尺寸宽×高=900mm×2100mm；

3. 房间榉木踢脚线板高 120mm；

4. 房间顶棚高度 2500mm。

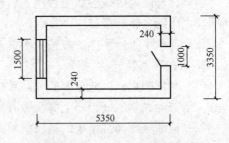

图 4-16　墙裙油漆示意图

【解】 墙裙油漆的工程量=长×宽-∑应扣除面积+∑应增加面积

$=[(5.35-0.24×2)×2+(3.35-0.24×2)×2]×1.5$

$-[1.5×(1.5-1.0)+1.0×1.5]+(1.5-1.0)×0.10×2$

$=(9.74+5.74)×1.5-2.43+0.11$

$=21.07(m^2)$

4.6 其他装饰工程

4.6.1 清单工程量计算有关问题说明

4.6.1.1 其他装饰工程工程量清单项目的划分与编码

1. 清单项目的划分

（1）柜类、货架（包括柜台、酒柜、衣柜、酒吧吊柜、收银台、试衣间等）。

（2）压条、装饰线（包括金属、木质、石材、石膏、镜面玻璃、铝塑、塑料装饰线、GRC 装饰线条）。

（3）扶手、栏杆、栏板装饰（包括金属扶手、栏杆、栏板，硬木扶手、栏杆、栏板，塑料扶手、栏杆、栏板，GRC 栏杆、扶手，金属靠墙扶手，硬木靠墙扶手，塑料靠墙扶手，玻璃栏板）。

（4）暖气罩（包括饰面板暖气罩、塑料板暖气罩、金属暖气罩）。

（5）浴厕配件（包括洗漱台、晒衣架、帘子杆、卫生纸盒、镜面玻璃、镜箱等）。

（6）雨篷、旗杆（包括雨篷吊挂饰面、金属旗杆、玻璃雨篷）。

（7）招牌、灯箱（包括平面、箱式招牌，竖式标箱，灯箱，信报箱）

（8）美术字（包括泡沫塑料字、有机玻璃字、木质字、金属字、吸塑字）。

2. 清单项目的编码

一级编码为 01；二级编码为 15（《房屋建筑与装饰工程工程量计算规范》第十五章，其他装饰工程）；三级编码自 01～08（从柜类、货架至美术字）；四级编码从 001 开始，第三位数字依次递增；五级编码从 001 开始，第三位数字依次递增。

4.6.1.2　清单工程量计算有关问题说明

1. 有关项目列项的说明

（1）厨房壁柜及厨房吊柜以嵌入墙内为壁柜，以支架固定在墙上的为吊柜。

（2）压条、装饰线项目已经包括在门扇、墙柱面、天棚等项目内的，不再单独列项。

（3）洗漱台项目适用于石质（天然石材、人造石材等）、玻璃等。

（4）旗杆的砌砖或混凝土台座，台座的饰面可按清单计价规范相关附录的章节另行编码列项，也可纳入旗杆报价内。

（5）美术字不分字体，应按大小规格分类。

2. 有关项目特征的说明

（1）台柜的规格以能分离的成品单体长、宽、高来表示，例如：一个组合书柜分上下两部分，下部为独立的矮柜，上部为敞开式的书柜，可以分上、下两部分标注尺寸。

（2）镜面玻璃和灯箱等的基层材料是指玻璃背后的衬垫材料，例如：胶合板、油毡等。

（3）装饰线和美术字的基层类型是指装饰线、美术字依托体的材料，例如砖墙、木墙、石墙、混凝土墙、墙面抹灰、钢支架等。

（4）旗杆高度指旗杆台座上表面至杆顶的尺寸（包括球珠）。

（5）美术字的字体规格以字的外接矩形长、宽和字的厚度表示。固定方式指粘贴、焊接以及铁钉、螺栓、铆钉固定等方式。

3. 有关工程量计算的说明

（1）台柜工程量以"个"计算，即能分离的同规格的单体个数计算，例如：柜台有相同规格为 1500mm×400mm×1200mm 的 5 个单体，另有 1 个柜台规格为 1500mm×400mm×1150mm，台底安装 4 个胶轮，以便柜台内营业员由此出入，这样 1500mm×400mm×1200mm 规格的柜台数为 5 个，1500mm×400mm×1150mm 柜台数为 1 个。

（2）洗漱台放置洗面盆的地方必须要挖洞，根据洗漱台摆放的位置有些还需选形，产生挖弯、削角，为此洗漱台的工程量按外接矩形计算。挡板是指镜面玻璃下边沿至洗漱台面和侧墙与台面接触部位的竖挡板（一般挡板与台面使用同种材料品种，不同材料品种应另行计算）。吊沿指台面外边沿下方的竖挡板。挡板和吊沿均以面积并入台面面积内计算。

4. 有关工程内容的说明

（1）台柜项目以"个"计算，应按设计图纸或说明，包括台柜、台面材料（石材、皮草、金属、实木等）、内隔板材料、连接件、配件等，均应包括在报价内。

（2）洗漱台现场制作、切割、磨边等人工、机械的费用也应包括在报价内。

（3）金属旗杆也可将旗杆台座及台座面层一并纳入报价中。

4.6.2 其他装饰工程清单工程量计算规则

4.6.2.1 柜类、货架

工程量清单项目设置及工程量计算规则，应按表4-55的规定执行。

表4-55 柜类、货架（编码：011501）

项目编码	项目名称	项目特征	计量单位	工程量计算规则	工作内容
011501001	柜台	1. 台柜规格 2. 材料种类、规格 3. 五金种类、规格 4. 防护材料种类 5. 油漆品种、刷漆遍数	1. 个 2. m 3. m³	1. 以个计量，按设计图示数量计量 2. 以米计量，按设计图示尺寸以延长米计算 3. 以立方米计量，按设计图示尺寸以体积计算	1. 台柜制作、运输、安装（安放） 2. 刷防护材料、油漆 3. 五金件安装
011501002	酒柜				
011501003	衣柜				
011501004	存包柜				
011501005	鞋柜				
011501006	书柜				
011501007	厨房壁柜				
011501008	木壁柜				
011501009	厨房低柜				
011501010	厨房吊柜				
011501011	矮柜				
011501012	吧台背柜				
011501013	酒吧吊柜				
011501014	酒吧台				
011501015	展台				
011501016	收银台				
011501017	试衣间				
011501018	货架				
011501019	书架				
011501020	服务台				

4.6.2.2 压条、装饰线

工程量清单项目设置及工程量计算规则，应按表4-56的规定执行。

表4-56 压条、装饰线（编码：011502）

项目编码	项目名称	项目特征	计量单位	工程量计算规则	工作内容
011502001	金属装饰线	1. 基层类型 2. 线条材料品种、规格、颜色 3. 防护材料种类	m	按设计图示尺寸以长度计算	1. 线条制作、安装 2. 刷防护材料
011502002	木质装饰线				
011502003	石材装饰线				
011502004	石膏装饰线				
011502005	镜面玻璃线	1. 基层类型 2. 线条材料品种、规格、颜色 3. 防护材料种类			
011502006	铝塑装饰线				
011502007	塑料装饰线				
011502008	GRC装饰线条	1. 基层类型 2. 线条规格 3. 线条安装部位 4. 填充材料种类			线条制作安装

4.6.2.3 扶手、栏杆、栏板装饰

工程量清单项目设置及工程量计算规则，应按表 4-57 的规定执行。

表 4-57 扶手、栏杆、栏板装饰（编码：011503）

项目编码	项目名称	项目特征	计量单位	工程量计算规则	工作内容
011503001	金属扶手、栏杆、栏板	1. 扶手材料种类、规格 2. 栏杆材料种类、规格 3. 栏板材料种类、规格、颜色 4. 固定配件种类 5. 防护材料种类			
011503002	硬木扶手、栏杆、栏板				
011503003	塑料扶手、栏杆、栏板				
011503004	GRC 栏杆、扶手	1. 栏杆的规格 2. 安装间距 3. 扶手类型规格 4. 填充材料种类	m	按设计图示以扶手中心线长度（包括弯头长度）计算	1. 制作 2. 运输 3. 安装 4. 刷防护材料
011503005	金属靠墙扶手	1. 扶手材料种类、规格 2. 固定配件种类 3. 防护材料种类			
011503006	硬木靠墙扶手				
011503007	塑料靠墙扶手				
011503008	玻璃栏板	1. 栏杆玻璃的种类、规格颜色 2. 固定方式 3. 固定配件种类			

4.6.2.4 暖气罩

工程量清单项目设置及工程量计算规则，应按表 4-58 的规定执行。

表 4-58 暖气罩（编码：011504）

项目编码	项目名称	项目特征	计量单位	工程量计算规则	工作内容
011504001	饰面板暖气罩	1. 暖气罩材质 2. 防护材料种类	m²	按设计图示尺寸以垂直投影面积（不展开）计算	1. 暖气罩制作、运输、安装 2. 刷防护材料
011504002	塑料板暖气罩				
011504003	金属暖气罩				

4.6.2.5 浴厕配件

工程量清单项目设置及工程量计算规则，应按表 4-59 的规定执行。

表 4-59　浴厕配件（编码：011505）

项目编码	项目名称	项目特征	计量单位	工程量计算规则	工作内容
011505001	洗漱台	1. 材料品种、规格、颜色 2. 支架、配件品种、规格	1. m² 2. 个	1. 按设计图示尺寸以台面外接矩形面积计算。不扣除孔洞、挖弯、削角所占面积，挡板、吊沿板面积并入台面面积内 2. 按设计图示数量计算	1. 台面及支架、运输、安装 2. 杆、环、盒、配件安装 3. 刷油漆
011505002	晒衣架		个		
011505003	帘子杆				
011505004	浴缸拉手				
011505005	卫生间扶手				
011505006	毛巾杆（架）		套	按设计图示数量计算	1. 台面及支架制作、运输、安装 2. 杆、环、盒、配件安装 3. 刷油漆
011505007	毛巾环		副		
011505008	卫生纸盒		个		
011505009	肥皂盒				
011505010	镜面玻璃	1. 镜面玻璃品种、规格 2. 框材质、断面尺寸 3. 基层材料种类 4. 防护材料种类	m²	按设计图示尺寸以边框外围面积计算	1. 基层安装 2. 玻璃及框制作、运输、安装
011505011	镜箱	1. 箱材质、规格 2. 玻璃品种、规格 3. 基层材料种类 4. 防护材料种类 5. 油漆品种、刷漆遍数	个	按设计图示数量计算	1. 基层安装 2. 箱体制作、运输、安装 3. 玻璃安装 4. 刷防护材料、油漆

4.6.2.6　雨篷、旗杆

工程量清单项目设置及工程量计算规则，应按表 4-60 的规定执行。

表 4-60　雨篷、旗杆（编码：011506）

项目编码	项目名称	项目特征	计量单位	工程量计算规则	工作内容
011506001	雨篷吊挂饰面	1. 基层类型 2. 龙骨材料种类、规格、中距 3. 面层材料品种、规格 4. 吊顶（天棚）材料品种、规格 5. 嵌缝材料种类 6. 防护材料种类	m²	按设计图示尺寸以水平投影面积计算	1. 底层抹灰 2. 龙骨基层安装 3. 面层安装 4. 刷防护材料、油漆
011506002	金属旗杆	1. 旗杆材料、种类、规格 2. 旗杆高度 3. 基础材料种类 4. 基座材料种类 5. 基座面层材料、种类、规格	根	按设计图示数量计算	1. 土石挖、填、运 2. 基础混凝土浇注 3. 旗杆制作、安装 4. 旗杆台座制作、饰面
011506003	玻璃雨篷	1. 玻璃雨篷固定方式 2. 龙骨材料种类、规格、中距 3. 玻璃材料品种、规格 4. 嵌缝材料种类 5. 防护材料种类	m²	按设计图示尺寸以水平投影面积计算	1. 龙骨基层安装 2. 面层安装 3. 刷防护材料、油漆

4.6.2.7　招牌、灯箱

工程量清单项目设置及工程量计算规则，应按表 4-61 的规定执行。

表 4-61　招牌、灯箱（编码：011507）

项目编码	项目名称	项目特征	计量单位	工程量计算规则	工作内容
011507001	平面、箱式招牌	1. 箱体规格 2. 基层材料种类 3. 面层材料种类 4. 防护材料种类	m²	按设计图示尺寸以正立面边框外围面积计算。复杂形的凸凹造型部分不增加面积	1. 基层安装 2. 箱体及支架制作、运输、安装 3. 面层制作、安装 4. 刷防护材料、油漆
011507002	竖式标箱				
011507003	灯箱				
011507004	信报箱	1. 箱体规格 2. 基层材料种类 3. 面层材料种类 4. 保护材料种类 5. 户数	个	按设计图示数量计算	

4.6.2.8 美术字

工程量清单项目设置及工程量计算规则，应按表 4-62 的规定执行。

表 4-62 美术字（编码：011508）

项目编码	项目名称	项目特征	计量单位	工程量计算规则	工作内容
011508001	泡沫塑料字	1. 基层类型 2. 镂字材料品种、颜色 3. 字体规格 4. 固定方式 5. 油漆品种、刷漆遍数	个	按设计图示数量计算	1. 字制作、运输、安装 2. 刷油漆
011508002	有机玻璃字				
011508003	木质字				
011508004	金属字				
011508005	吸塑字				

【例 4-16】 如图 4-17 所示，一木骨架全玻璃隔墙，求其工程量。

【解】 工程量＝间墙面积－门洞面积
$$=3.6\times3.05-0.9\times2.0$$
$$=9.18(\text{m}^2)$$

【例 4-17】 某卫生间木隔断，如图 4-18 和图 4-19 所示，求卫生间隔断工程量。

【解】 工程量计算如下：

$$(1.0\times4+1.2\times4)\times1.5=13.2(\text{m}^2)$$

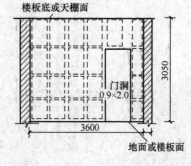

图 4-17 木骨架全玻璃隔墙示意图

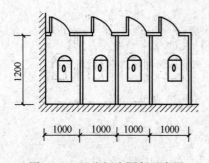

图 4-18 卫生间木隔断示意图

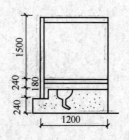

图 4-19 卫生间木隔断示意图

4.7 清单计价综合实例

【例 4-18】 如图 4-20 所示一卫生间，编制其分部分项工程量清单、综合单价、合价表。

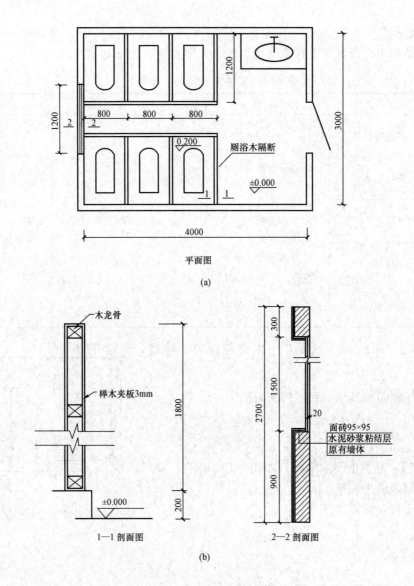

图 4-20　卫生间示意图

（a）平面图；（b）剖面图

注：1. 门洞尺寸为 900mm×2100mm，蹲便区沿隔断内起地台，高度
为 200mm。

2. 墙面为水泥砂浆粘贴面砖 95mm×95mm，灰缝 5mm 内。

3. 门内侧壁同窗。

【解】

1. 清单工程量计算：$(4+3)×2×2.7-1.5×1.2-0.9×2.1-0.2×(1.2+3×0.8)×2$
$+0.12×(1.2+1.5)×2+0.12×(0.9+2×2)=33.58(m^2)$

2. 消耗量定额工程量及费用计算：

（1）该项目工程内容：清理修补基层表面、打底抹灰、砂浆找平；选料、抹结合层砂浆、贴面砖、擦缝、清洁表面。

（2）依据消耗量定额计算规则，计算工程量：

墙面贴面砖：$(4+3) \times 2 \times 2.7 - 1.5 \times 1.2 - 0.9 \times 2.1 - 0.2 \times (1.2+3 \times 0.8) \times 2 + 0.12 \times (1.2+1.5) \times 2 + 0.12 \times (0.9+2 \times 2)$

$= 33.58 (\text{m}^2)$

（3）计算清单项目每计量单位应包含的各项工程内容的工程数量：

墙面贴面砖：$33.58 \div 33.58 = 1$

（4）参考《全国统一建筑装饰装修工程消耗量定额》套用定额，并计算清单项目每计量单位所含工程内容人工、材料、机械价款，见表4-63。

表4-63　消耗量定额费用

定额编号	清单项目名称	工作内容	计量单位	数量	其中（元）			
					人工费	材料费	机械费	小计
一	墙面镶贴块料	清理修补基层表面、打底抹灰、砂浆找平；选料、抹结合层砂浆、贴面砖、擦缝、清洁表面	m²	1.00	15.41	34.30	0.82	50.53
小　计					15.41	34.30	0.82	50.53

3. 编制清单综合单价（表4-64）：

表4-64　分部分项工程量清单综合单价计算表

项目编号	011204003001	项目名称	墙面镶贴块料	计量单位	m²	工程量	33.91

清单综合单价组成明细										
定额编号	定额项目名称	定额单位	数量	单价（元/m²）			合价（元/m²）			
				人工费	材料费	机械费	人工费	材料费	机械费	管理费和利润
一	墙面镶贴块料	m²	1.00	15.41	34.30	0.82	15.41	34.30	0.82	43.15
小　计					15.41	34.30	0.82	43.15		
28元/工日		未计价材料费					—			
清单项目综合单价（元/m²）							93.68			

4. 编制分部分项工程量清单合价表（表4-65）：

表4-65　分部分项工程量清单合价表

序号	项目编码	项目名称	项目特征描述	计量单位	工程量	金额（元）	
						综合单价	合　价
1	011204003001	墙面镶贴块料	1. 墙体类型 2. 底层厚度、砂浆配合比 3. 粘结层厚度、材料种类 4. 挂贴方式 5. 干挂方式（膨胀螺栓、轻钢龙骨） 6. 面层材料品种、规格、品牌、颜色 7. 缝宽、嵌缝材料种类 8. 防护材料种类 9. 磨光、酸洗、打蜡要求	m²	33.58	93.68	3145.77

【例 4-19】 如图 4-21 所示某酒店接待室的吊顶平面布置图，编制分部分项工程量清单、综合单价及合价表。

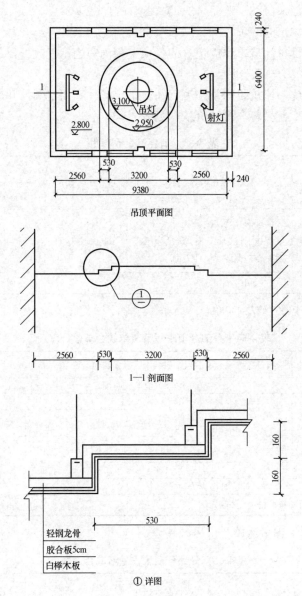

图 4-21　某酒店接待室吊顶平面布置图

【解】

1. 清单工程量计算：

$$9.38 \times 6.4 = 60.03 \ (\mathrm{m^2})$$

2. 消耗量定额工程量及费用计算：

（1）该项目的工程内容：吊件加工、安装，定位、弹线、安装膨胀螺栓，选料、下料、定位杆控制高度、平整、安装龙骨及吊配附件、孔洞预留等，临时加固、调整、校正，灯箱风口封边、龙骨设置，预留位置、整体调整；安装天棚基层；清扫，刷防火涂料，两遍；安

138

装面层；清扫、磨砂纸、刮腻子、刷底色、油色、刷清漆两遍。

（2）依据消耗量定额计算规则，计算工程量：

轻钢龙骨：$9.38 \times 6.4 = 60.03$（m^2）

五合板：$60.03 + 0.16 \times (3.14 \times 3.2 + 3.14 \times 4.26) = 63.78$（$m^2$）

白桦木板：$60.03 + 0.16 \times (3.14 \times 3.2 + 3.14 \times 4.26) = 63.78$（$m^2$）

油漆：$60.03 + 0.16 \times (3.14 \times 3.2 + 3.14 \times 4.26) = 63.78$（$m^2$）

木板面双面刷防火涂料：$60.03 + 0.16 \times (3.14 \times 3.2 + 3.14 \times 4.26) = 63.78$（$m^2$）

（3）计算清单项目每计量单位应包含的各项工程内容的工程数量：

轻钢龙骨：$60.03 \div 60.03 = 1$

五合板：$63.78 \div 60.03 = 1.06$

白桦木板：$63.78 \div 60.03 = 1.06$

油漆：$63.78 \div 60.03 = 1.06$

木板面双面刷防火涂料：$63.78 \div 60.03 = 1.06$

（4）参考《全国统一建筑装饰装修工程消耗量》套用定额，并计算清单项目每计量单位所含各项工程内容人工、材料、机械价款。见表4-66、表4-67。

表 4-66　吊顶工程消耗量定额费用

定额编号	清单项目名称	工作内容	计量单位	数量	其中（元）			
					人工费	材料费	机械费	小计
一	天棚吊顶	吊件加工、安装，定位、弹线、安装膨胀螺栓、选料、下料、定位杆控制高度、平整、安装龙骨及吊配附件、孔洞预留等、临时加固、调整、校正、灯箱风口封边、龙骨设置、预留位置、整体调整	m^2	1.00	12.75	41.61	0.12	54.48
一		安装五合板基层	m^2	1.06	8.50	26.00	—	34.50
一		安装白桦木板面层	m^2	1.06	10.89	45.61		56.50
小　计					32.14	113.22	0.12	145.48

表 4-67　吊顶刷漆及防护工程消耗量定额费用

定额编号	清单项目名称	工作内容	计量单位	数量	其中（元）			
					人工费	材料费	机械费	小　计
一	吊顶面层刷清漆	清扫、磨砂纸、刮腻子、刷底油、油色、刷清漆两遍	m^2	1	3.88	2.53	—	6.41
一	防护	木板面双面刷防火涂料	m^2	1	3.10	7.70	—	10.80
小　计					6.98	10.23	—	17.21

3. 编制清单综合单价表，根据企业情况确定管理费率170％，利润率110％，计算基础人工费。见表4-68、表4-69。

表 4-68　天棚吊顶综合单价表

项目编号	011302001001	项目名称	吊顶天棚	计量单位	m²	工程量	60.03
清单综合单价组成明细							

定额编号	定额项目名称	定额单位	数量	单价（元/m²）			合价（元/m²）			管理费和利润
				人工费	材料费	机械费	人工费	材料费	机械费	
—	吊顶天棚	m²	1.00	32.14	113.22	0.12	32.14	113.22	0.12	89.99
人工单价		小　计					32.14	113.22	0.12	89.99
28元/工日		未计价材料费					—			
清单项目综合单价（元/m²）							235.47			

表 4-69　天棚面油漆综合单价表

项目编号	011404005002	项目名称	天棚面油漆	计量单位	m²	工程量	60.03
清单综合单价组成明细							

定额编号	定额项目名称	定额单位	数量	单价（元/m²）			合价（元/m²）			管理费和利润
				人工费	材料费	机械费	人工费	材料费	机械费	
—	天棚面油漆	m²	1.00	6.98	10.23		6.98	10.23	—	19.54
人工单价		小　计					6.98	10.23	—	19.54
28元/工日		未计价材料费					—			
清单项目综合单价（元/m²）							36.76			

4. 编制分部分项工程量清单合价表，见表4-70。

表 4-70　分部分项工程量清单合价表

序号	项目编码	项目名称	项目特征描述	计量单位	工程量	金额（元）	
						综合单价	合　价
1	011302001001	吊顶天棚	1. 吊顶形式：艺术造型天棚 2. 龙骨类型、材料类型、中距：阶梯弧线型轻钢龙骨 3. 基层材料：五合板 4. 面层材料：白桦木板	m²	60.03	235.47	14135.26
2	011404005002	天棚面油漆刷防火涂料	1. 油漆、遍数：清漆，两遍 2. 防护：基层板刷防火涂料	m²	60.03	36.75	2206.70

思 考 题

4-1 简述楼地面工程清单工程量计算规则。

4-2 进行墙、柱面装饰与隔断、幕墙工程的工程量计算时，应注意哪些问题？

4-3 进行天棚工程清单工程量计算时，应注意的问题有哪些？

4-4 门、窗有哪些分类？

4-5 门窗工程工程量清单项目的划分有哪些？

4-6 简述油漆、涂料、裱糊工程清单工程量计算规则。

习 题

4-7 如图 4-22 所示一大型影剧院，为达到一定的听觉效果，墙体设计为锯齿形，外墙干挂石材，且要求密封，编制其分部分项工程量清单、综合单价及合价表。

4-8 某工程平面及剖面图如图 4-23（a）、图 4-23（b）所示，墙面为混凝土墙面，内墙抹水泥砂浆。

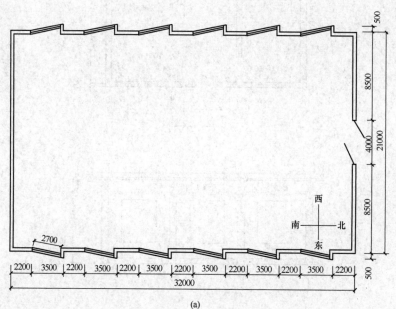

(a)

图 4-22 大型影剧院
(a) 平面图

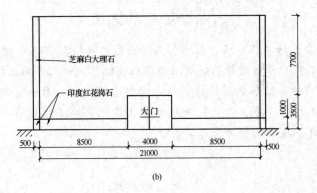

(b)

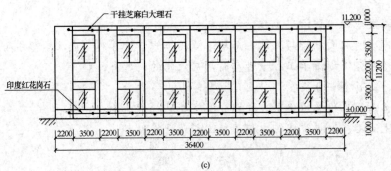

(c)

图 4-22 大型影剧院
(b) 北立面图；(c) 东立面图

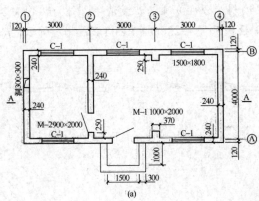

(a)

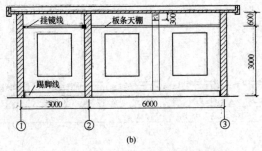

(b)

图 4-23 某工程平面及剖面图
（a）平面图 ；(b) A—A 剖面图

第5章 建筑装饰工程费用

```
重 点 提 示
```

1. 熟悉建筑装饰工程费用的构成。
2. 掌握建筑装饰工程费用的计算方法和计价程序。

5.1 建筑装饰工程费用的概述与构成

5.1.1 建筑装饰工程费用概述

在工程建设中,建筑装饰是创造价值的生产活动。建筑装饰企业在生产过程中,既要将劳动力、装饰建筑材料和施工机械结合转化为建筑装饰产品,同时还要为社会新创造一定的价值,这些直接和间接的活动消耗、物质消耗以及为社会新创造的价值,是通过计算装饰工程的直接工程费、间接费、利润和税金、风险金与规费等来反映的,并且以货币的形式表现出来,称之为装饰工程费用。

5.1.2 建筑装饰工程费用的构成

1. 建筑装饰工程费用项目组成(按费用构成要素划分)

建筑装饰工程费按照费用构成要素划分:由人工费、材料(包含工程设备,下同)费、施工机具使用费、企业管理费、利润、规费和税金组成。其中人工费、材料费、施工机具使用费、企业管理费和利润包含在分部分项工程费、措施项目费、其他项目费中,具体如图5-1所示。

(1)人工费:是指按工资总额构成规定,支付给从事建筑安装工程施工的生产工人和附属生产单位工人的各项费用。内容包括:

① 计时工资或计件工资:是指按计时工资标准和工作时间或对已做工作按计件单价支付给个人的劳动报酬。

② 奖金:是指对超额劳动和增收节支支付给个人的劳动报酬。如节约奖、劳动竞赛奖等。

③ 津贴补贴:是指为了补偿职工特殊或额外的劳动消耗和因其他特殊原因支付给个人的津贴,以及为了保证职工工资水平不受物价影响支付给个人的物价补贴。如流动施工津贴、特殊地区施工津贴、高温(寒)作业临时津贴、高空津贴等。

④ 加班加点工资:是指按规定支付的在法定节假日工作的加班工资和在法定日工作时间外延时工作的加点工资。

⑤ 特殊情况下支付的工资:是指根据国家法律、法规和政策规定,因病、工伤、产假、计划生育假、婚丧假、事假、探亲假、定期休假、停工学习、执行国家或社会义务等原因按

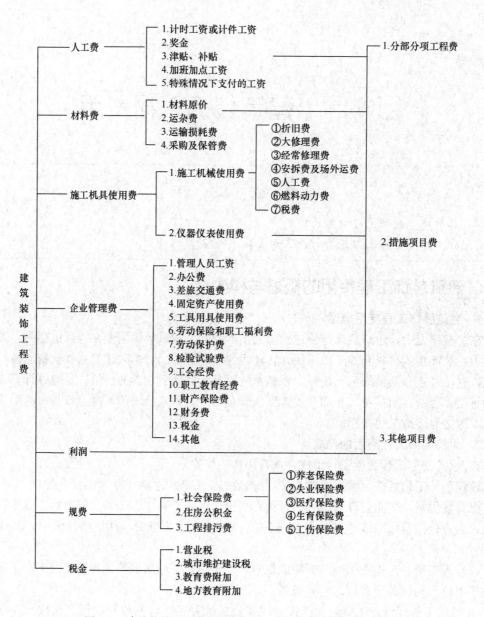

图 5-1　建筑装饰工程费用项目组成（按费用构成要素划分）

计时工资标准或计时工资标准的一定比例支付的工资。

（2）材料费：是指施工过程中耗费的原材料、辅助材料、构配件、零件、半成品或成品、工程设备的费用。内容包括：

① 材料原价：是指材料、工程设备的出厂价格或商家供应价格。

② 运杂费：是指材料、工程设备自来源地运至工地仓库或指定堆放地点所发生的全部费用。

③ 运输损耗费：是指材料在运输装卸过程中不可避免的损耗。

④ 采购及保管费：是指为组织采购、供应和保管材料、工程设备的过程中所需要的各项费用。包括采购费、仓储费、工地保管费、仓储损耗。

工程设备是指构成或计划构成永久工程一部分的机电设备、金属结构设备、仪器装置及其他类似的设备和装置。

（3）施工机具使用费：是指施工作业所发生的施工机械、仪器仪表使用费或其租赁费。

① 施工机械使用费：以施工机械台班耗用量乘以施工机械台班单价表示，施工机械台班单价应由下列七项费用组成：

a. 折旧费：指施工机械在规定的使用年限内，陆续收回其原值的费用。

b. 大修理费：指施工机械按规定的大修理间隔台班进行必要的大修理，以恢复其正常功能所需的费用。

c. 经常修理费：指施工机械除大修理以外的各级保养和临时故障排除所需的费用。包括为保障机械正常运转所需替换设备与随机配备工具附具的摊销和维护费用，机械运转中日常保养所需润滑与擦拭的材料费用及机械停滞期间的维护和保养费用等。

d. 安拆费及场外运费：安拆费指施工机械（大型机械除外）在现场进行安装与拆卸所需的人工、材料、机械和试运转费用以及机械辅助设施的折旧、搭设、拆除等费用；场外运费指施工机械整体或分体自停放地点运至施工现场或由一施工地点运至另一施工地点的运输、装卸、辅助材料及架线等费用。

e. 人工费：指机上司机（司炉）和其他操作人员的人工费。

f. 燃料动力费：指施工机械在运转作业中所消耗的各种燃料及水、电等。

g. 税费：指施工机械按照国家规定应缴纳的车船使用税、保险费及年检费等。

② 仪器仪表使用费：是指工程施工所需使用的仪器仪表的摊销及维修费用。

（4）企业管理费：是指建筑安装企业组织施工生产和经营管理所需的费用。内容包括：

① 管理人员工资：是指按规定支付给管理人员的计时工资、奖金、津贴补贴、加班加点工资及特殊情况下支付的工资等。

② 办公费：是指企业管理办公用的文具、纸张、帐表、印刷、邮电、书报、办公软件、现场监控、会议、水电、烧水和集体取暖降温（包括现场临时宿舍取暖降温）等费用。

③ 差旅交通费：是指职工因公出差、调动工作的差旅费、住勤补助费，市内交通费和误餐补助费，职工探亲路费，劳动力招募费，职工退休、退职一次性路费，工伤人员就医路费，工地转移费以及管理部门使用的交通工具的油料、燃料等费用。

④ 固定资产使用费：是指管理和试验部门及附属生产单位使用的属于固定资产的房屋、设备、仪器等的折旧、大修、维修或租赁费。

⑤ 工具用具使用费：是指企业施工生产和管理使用的不属于固定资产的工具、器具、家具、交通工具和检验、试验、测绘、消防用具等的购置、维修和摊销费。

⑥ 劳动保险和职工福利费：是指由企业支付的职工退职金、按规定支付给离休干部的经费，集体福利费、夏季防暑降温、冬季取暖补贴、上下班交通补贴等。

⑦ 劳动保护费：是企业按规定发放的劳动保护用品的支出。如工作服、手套、防暑降温饮料以及在有碍身体健康的环境中施工的保健费用等。

⑧ 检验试验费：是指施工企业按照有关标准规定，对建筑以及材料、构件和建筑安装物进行一般鉴定、检查所发生的费用，包括自设试验室进行试验所耗用的材料等费用。不包括新结构、新材料的试验费，对构件做破坏性试验及其他特殊要求检验试验的费用和建设单位委托检测机构进行检测的费用，对此类检测发生的费用，由建设单位在工程建设其他费用

中列支。但对施工企业提供的具有合格证明的材料进行检测不合格的，该检测费用由施工企业支付。

⑨ 工会经费：是指企业按《工会法》规定的全部职工工资总额比例计提的工会经费。

⑩ 职工教育经费：是指按职工工资总额的规定比例计提，企业为职工进行专业技术和职业技能培训，专业技术人员继续教育、职工职业技能鉴定、职业资格认定以及根据需要对职工进行各类文化教育所发生的费用。

⑪ 财产保险费：是指施工管理用财产、车辆等的保险费用。

⑫ 财务费：是指企业为施工生产筹集资金或提供预付款担保、履约担保、职工工资支付担保等所发生的各种费用。

⑬ 税金：是指企业按规定缴纳的房产税、车船使用税、土地使用税、印花税等。

⑭ 其他：包括技术转让费、技术开发费、投标费、业务招待费、绿化费、广告费、公证费、法律顾问费、审计费、咨询费、保险费等。

（5）利润：是指施工企业完成所承包工程获得的盈利。

（6）规费：是指按国家法律、法规规定，由省级政府和省级有关权力部门规定必须缴纳或计取的费用。包括：

① 社会保险费

a. 养老保险费：是指企业按照规定标准为职工缴纳的基本养老保险费。

b. 失业保险费：是指企业按照规定标准为职工缴纳的失业保险费。

c. 医疗保险费：是指企业按照规定标准为职工缴纳的基本医疗保险费。

d. 生育保险费：是指企业按照规定标准为职工缴纳的生育保险费。

e. 工伤保险费：是指企业按照规定标准为职工缴纳的工伤保险费。

② 住房公积金：是指企业按规定标准为职工缴纳的住房公积金。

③ 工程排污费：是指按规定缴纳的施工现场工程排污费。

其他应列而未列入的规费，按实际发生计取。

（7）税金：是指国家税法规定的应计入建筑安装工程造价内的营业税、城市维护建设税、教育费附加以及地方教育附加。

2. 建筑装饰工程费用项目组成（按造价形成划分）

建筑装饰工程费按照工程造价形成由分部分项工程费、措施项目费、其他项目费、规费、税金组成，分部分项工程费、措施项目费、其他项目费包含人工费、材料费、施工机具使用费、企业管理费和利润（图5-2）。

（1）分部分项工程费：是指各专业工程的分部分项工程应予列支的各项费用。

① 专业工程：是指按现行国家计量规范划分的房屋建筑与装饰工程、仿古建筑工程、通用安装工程、市政工程、园林绿化工程、矿山工程、构筑物工程、城市轨道交通工程、爆破工程等各类工程。

② 分部分项工程：指按现行国家计量规范对各专业工程划分的项目。如房屋建筑与装饰工程划分的土石方工程、地基处理与桩基工程、砌筑工程、钢筋及钢筋混凝土工程等。

各类专业工程的分部分项工程划分见现行国家或行业计量规范。

（2）措施项目费：是指为完成建设工程施工，发生于该工程施工前和施工过程中的技术、生活、安全、环境保护等方面的费用。内容包括：

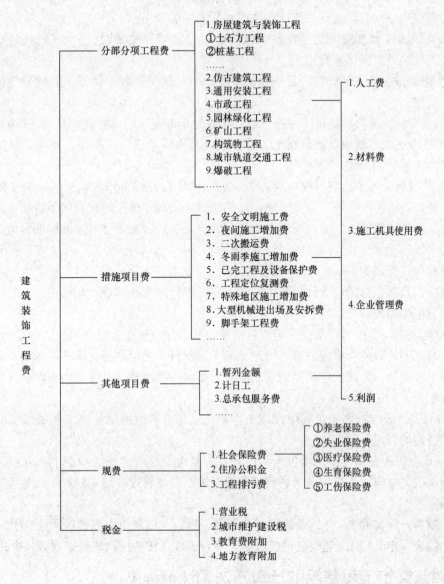

图 5-2 建筑装饰工程费用项目组成（按造价形成划分）

① 安全文明施工费

a. 环境保护费：是指施工现场为达到环保部门要求所需要的各项费用。

b. 文明施工费：是指施工现场文明施工所需要的各项费用。

c. 安全施工费：是指施工现场安全施工所需要的各项费用。

d. 临时设施费：是指施工企业为进行建设工程施工所必须搭设的生活和生产用的临时建筑物、构筑物和其他临时设施费用。包括临时设施的搭设、维修、拆除、清理费或摊销费等。

② 夜间施工增加费：是指因夜间施工所发生的夜班补助费、夜间施工降效、夜间施工照明设备摊销及照明用电等费用。

③ 二次搬运费：是指因施工场地条件限制而发生的材料、构配件、半成品等一次运输

147

不能到达堆放地点，必须进行二次或多次搬运所发生的费用。

④ 冬雨季施工增加费：是指在冬季或雨季施工需增加的临时设施、防滑、排除雨雪、人工及施工机械效率降低等费用。

⑤ 已完工程及设备保护费：是指竣工验收前，对已完工程及设备采取的必要保护措施所发生的费用。

⑥ 工程定位复测费：是指工程施工过程中进行全部施工测量放线和复测工作的费用。

⑦ 特殊地区施工增加费：是指工程在沙漠或其边缘地区、高海拔、高寒、原始森林等特殊地区施工增加的费用。

⑧ 大型机械设备进出场及安拆费：是指机械整体或分体自停放场地运至施工现场或由一个施工地点运至另一个施工地点，所发生的机械进出场运输及转移费用及机械在施工现场进行安装、拆卸所需的人工费、材料费、机械费、试运转费和安装所需的辅助设施的费用。

⑨ 脚手架工程费：是指施工需要的各种脚手架搭、拆、运输费用以及脚手架购置费的摊销（或租赁）费用。

措施项目及其包含的内容详见各类专业工程的现行国家或行业计量规范。

（3）其他项目费

① 暂列金额：是指建设单位在工程量清单中暂定并包括在工程合同价款中的一笔款项。用于施工合同签订时尚未确定或者不可预见的所需材料、工程设备、服务的采购，施工中可能发生的工程变更、合同约定调整因素出现时的工程价款调整以及发生的索赔、现场签证确认等的费用。

② 计日工：是指在施工过程中，施工企业完成建设单位提出的施工图纸以外的零星项目或工作所需的费用。

③ 总承包服务费：是指总承包人为配合、协调建设单位进行的专业工程发包，对建设单位自行采购的材料、工程设备等进行保管以及施工现场管理、竣工资料汇总整理等服务所需的费用。

（4）规费：定义同 1. 建筑装饰工程费用项目组成（按费用构成要素划分）中的规费。

（5）税金：定义同 1. 建筑装饰工程费用项目组成（按费用构成要素划分）中的税金。

5.2 建筑装饰工程费用的计算方法和计价程序

5.2.1 建筑装饰工程费用计算方法

1. 各费用构成要素参考计算方法如下：

（1）人工费

$$人工费 = \Sigma(工日消耗量 \times 日工资单价) \tag{5-1}$$

$$日工资单价 = \frac{生产工人平均月工资(计时/计件)+平均月(奖金+津贴补贴+特殊情况下支付的工资)}{年平均每月法定工作日}$$

$$\tag{5-2}$$

注：公式（5-1）、公式（5-2）主要适用于施工企业投标报价时自主确定人工费，也是工程造价管理机构编制计价定额确定定额人工单价或发布人工成本信息的参考依据。

$$人工费 = \Sigma(工程工日消耗量 \times 日工资单价) \tag{5-3}$$

其中，日工资单价是指施工企业平均技术熟练程度的生产工人在每工作日（国家法定工

148

作时间内）按规定从事施工作业应得的日工资总额。

工程造价管理机构确定日工资单价应通过市场调查、根据工程项目的技术要求，参考实物工程量人工单价综合分析确定，最低日工资单价不得低于工程所在地人力资源和社会保障部门所发布的最低工资标准的：普工 1.3 倍、一般技工 2 倍、高级技工 3 倍。

工程计价定额不可只列一个综合工日单价，应根据工程项目技术要求和工种差别适当划分多种日人工单价，确保各分部工程人工费的合理构成。

注：公式（5-3）适用于工程造价管理机构编制计价定额时确定定额人工费，是施工企业投标报价的参考依据。

（2）材料费

①材料费

$$材料费 = \Sigma（材料消耗量 \times 材料单价）\tag{5-4}$$

$$材料单价 = [（材料原价 + 运杂费） \times （1 + 运输损耗率(\%)）] \times [1 + 采购保管费率(\%)]\tag{5-5}$$

②工程设备费

$$工程设备费 = \Sigma（工程设备量 \times 工程设备单价）\tag{5-6}$$

$$工程设备单价 = （设备原价 + 运杂费） \times [1 + 采购保管费率(\%)]\tag{5-7}$$

（3）施工机具使用费

①施工机械使用费

$$施工机械使用费 = \Sigma（施工机械台班消耗量 \times 机械台班单价）\tag{5-8}$$

$$机械台班单价 = 台班折旧费 + 台班大修费 + 台班经常修理费 + 台班安拆费及场外运费 + 台班人工费 + 台班燃料动力费 + 台班车船税费\tag{5-9}$$

注：工程造价管理机构在确定计价定额中的施工机械使用费时，应根据《建筑施工机械台班费用计算规则》结合市场调查编制施工机械台班单价。施工企业可以参考工程造价管理机构发布的台班单价，自主确定施工机械使用费的报价，如租赁施工机械，公式为：施工机械使用费＝Σ（施工机械台班消耗量×机械台班租赁单价）。

②仪器仪表使用费

$$仪器仪表使用费 = 工程使用的仪器仪表摊销费 + 维修费\tag{5-10}$$

（4）企业管理费费率

①以分部分项工程费为计算基础

$$企业管理费费率(\%) = \frac{生产工人年平均管理费}{年有效施工天数 \times 人工单价} \times 人工费占分部分项工程费比例(\%)\tag{5-11}$$

②以人工费和机械费合计为计算基础

$$企业管理费费率(\%) = \frac{生产工人年平均管理费}{年有效施工天数 \times （人工单价 + 每一工日机械使用费）} \times 100\%\tag{5-12}$$

③以人工费为计算基础

$$企业管理费费率(\%) = \frac{生产工人年平均管理费}{年有效施工天数 \times 人工单价} \times 100\%\tag{5-13}$$

注：上述公式适用于施工企业投标报价时自主确定管理费，是工程造价管理机构编制计

价定额确定企业管理费的参考依据。

工程造价管理机构在确定计价定额中企业管理费时，应以定额人工费或（定额人工费＋定额机械费）作为计算基数，其费率根据历年工程造价积累的资料，辅以调查数据确定，列入分部分项工程和措施项目中。

（5）利润

①施工企业根据企业自身需求并结合建筑市场实际自主确定，列入报价中。

②工程造价管理机构在确定计价定额中利润时，应以定额人工费或（定额人工费＋定额机械费）作为计算基数，其费率根据历年工程造价积累的资料，并结合建筑市场实际确定，以单位（单项）工程测算，利润在税前建筑安装工程费的比重可按不低于5％且不高于7％的费率计算。利润应列入分部分项工程和措施项目中。

（6）规费

①社会保险费和住房公积金

社会保险费和住房公积金应以定额人工费为计算基础，根据工程所在地省、自治区、直辖市或行业建设主管部门规定费率计算。

$$社会保险费和住房公积金 = \Sigma(工程定额人工费 \times 社会保险费和住房公积金费率) \tag{5-14}$$

式中：社会保险费和住房公积金费率可以每万元发承包价的生产工人人工费和管理人员工资含量与工程所在地规定的缴纳标准综合分析取定。

②工程排污费

工程排污费等其他应列而未列入的规费应按工程所在地环境保护等部门规定的标准缴纳，按实计取列入。

（7）税金

税金计算公式：

$$税金 = 税前造价 \times 综合税率(\%) \tag{5-15}$$

综合税率：

①纳税地点在市区的企业

$$综合税率(\%) = \frac{1}{1 - 3\% - (3\% \times 7\%) - (3\% \times 3\%) - (3\% \times 2\%)} - 1 \tag{5-16}$$

②纳税地点在县城、镇的企业

$$综合税率(\%) = \frac{1}{1 - 3\% - (3\% \times 5\%) - (3\% \times 3\%) - (3\% \times 2\%)} - 1 \tag{5-17}$$

③纳税地点不在市区、县城、镇的企业

$$综合税率(\%) = \frac{1}{1 - 3\% - (3\% \times 1\%) - (3\% \times 3\%) - (3\% \times 2\%)} - 1 \tag{5-18}$$

④实行营业税改增值税的，按纳税地点现行税率计算。

2. 建筑装饰工程计价参考公式如下

（1）分部分项工程费

$$分部分项工程费 = \Sigma(分部分项工程量 \times 综合单价) \tag{5-19}$$

式中：综合单价包括人工费、材料费、施工机具使用费、企业管理费和利润以及一定范围的风险费用（下同）。

（2）措施项目费

①国家计量规范规定应予计量的措施项目，其计算公式为：

$$措施项目费 = \Sigma（措施项目工程量 \times 综合单价） \tag{5-20}$$

②国家计量规范规定不宜计量的措施项目计算方法如下

a. 安全文明施工费

$$安全文明施工费 = 计算基数 \times 安全文明施工费费率（\%） \tag{5-21}$$

计算基数应为定额基价（定额分部分项工程费＋定额中可以计量的措施项目费）、定额人工费或（定额人工费＋定额机械费），其费率由工程造价管理机构根据各专业工程的特点综合确定。

b. 夜间施工增加费

$$夜间施工增加费 = 计算基数 \times 夜间施工增加费费率（\%） \tag{5-22}$$

c. 二次搬运费

$$二次搬运费 = 计算基数 \times 二次搬运费费率（\%） \tag{5-23}$$

d. 冬雨季施工增加费

$$冬雨季施工增加费 = 计算基数 \times 冬雨季施工增加费费率（\%） \tag{5-24}$$

e. 已完工程及设备保护费

$$已完工程及设备保护费 = 计算基数 \times 已完工程及设备保护费费率（\%） \tag{5-25}$$

上述 b. ～e. 项措施项目的计费基数应为定额人工费或（定额人工费＋定额机械费），其费率由工程造价管理机构根据各专业工程特点和调查资料综合分析后确定。

（3）其他项目费

①暂列金额由建设单位根据工程特点，按有关计价规定估算，施工过程中由建设单位掌握使用、扣除合同价款调整后如有余额，归建设单位。

②计日工由建设单位和施工企业按施工过程中的签证计价。

③总承包服务费由建设单位在招标控制价中根据总包服务范围和有关计价规定编制，施工企业投标时自主报价，施工过程中按签约合同价执行。

（4）规费和税金

建设单位和施工企业均应按照省、自治区、直辖市或行业建设主管部门发布标准计算规费和税金，不得作为竞争性费用。

3. 相关问题的说明

①各专业工程计价定额的编制及其计价程序，均按本通知实施。

②各专业工程计价定额的使用周期原则上为 5 年。

③工程造价管理机构在定额使用周期内，应及时发布人工、材料、机械台班价格信息，实行工程造价动态管理，如遇国家法律、法规、规章或相关政策变化以及建筑市场物价波动较大时，应适时调整定额人工费、定额机械费以及定额基价或规费费率，使建筑安装工程费能反映建筑市场实际。

④建设单位在编制招标控制价时，应按照各专业工程的计量规范和计价定额以及工程造价信息编制。

⑤施工企业在使用计价定额时除不可竞争费用外，其余仅作参考，由施工企业投标时自主报价。

5.2.2 建筑装饰工程计价程序

建筑装饰工程计价程序见表 5-1～表 5-3。

表 5-1 建设单位工程招标控制价计价程序

工程名称： 标段： 第 页 共 页

序号	内　容	计算方法	金额（元）
1	分部分项工程费	按计价规定计算	
1.1			
1.2			
1.3			
1.4			
1.5			
2	措施项目费	按计价规定计算	
2.1	其中：安全文明施工费	按规定标准计算	
3	其他项目费		
3.1	其中：暂列金额	按计价规定估算	
3.2	其中：专业工程暂估价	按计价规定估算	
3.3	其中：计日工	按计价规定估算	
3.4	其中：总承包服务费	按计价规定估算	
4	规费	按规定标准计算	
5	税金（扣除不列入计税范围的工程设备金额）	（1＋2＋3＋4）×规定税率	
招标控制价合计＝1＋2＋3＋4＋5			

表 5-2 施工企业工程投标报价计价程序

工程名称： 标段： 第 页 共 页

序号	内　容	计算方法	金额（元）
1	分部分项工程费	自主报价	
1.1			
1.2			
1.3			
1.4			
1.5			

序号	内　容	计算方法	金额（元）
2	措施项目费	自主报价	
2.1	其中：安全文明施工费	按规定标准计算	
3	其他项目费		
3.1	其中：暂列金额	按招标文件提供金额计列	
3.2	其中：专业工程暂估价	按招标文件提供金额计列	
3.3	其中：计日工	自主报价	
3.4	其中：总承包服务费	自主报价	
4	规费	按规定标准计算	
5	税金（扣除不列入计税范围的工程设备金额）	$(1+2+3+4)×$规定税率	
投标报价合计＝1＋2＋3＋4＋5			

表 5-3　竣工结算计价程序

工程名称：　　　　　　　　　标段：　　　　　　　　　第　页　共　页

序号	汇总内容	计算方法	金额（元）
1	分部分项工程费	按合同约定计算	
1.1			
1.2			
1.3			
1.4			
1.5			
2	措施项目	按合同约定计算	
2.1	其中：安全文明施工费	按规定标准计算	
3	其他项目		
3.1	其中：专业工程结算价	按合同约定计算	
3.2	其中：计日工	按计日工签证计算	
3.3	其中：总承包服务费	按合同约定计算	
3.4	索赔与现场签证	按发承包双方确认数额计算	
4	规费	按规定标准计算	
5	税金（扣除不列入计税范围的工程设备金额）	$(1+2+3+4)×$规定税率	
竣工结算总价合计＝1＋2＋3＋4＋5			

思 考 题

5-1 按费用构成要素划分，建筑装饰工程费用由哪些项目组成？

5-2 按造价形成划分，建筑装饰工程费用项目由哪些项目组成？

5-3 如何计算税金？

5-4 简述建筑装饰工程费用的计价程序。

第6章 建筑装饰工程预算的编制与审查

重 点 提 示

1. 熟悉建筑装饰工程预算书的内容。
2. 掌握建筑装饰工程预算书的编制步骤。
3. 了解建筑装饰工程预算的审查意义和依据。
4. 熟悉建筑装饰工程预算的审查方法、审查内容及审查步骤。

6.1 建筑装饰工程预算书的编制

6.1.1 建筑装饰工程预算书的内容

一份完整的装饰工程预算书应包括以下内容：

（1）封面。

（2）编制说明：包括工程概况和编制依据。

（3）费用计算程序表。

（4）直接费汇总表。

（5）工料分析表。

（6）分项工程预算书。

（7）工程量计算书。

6.1.2 建筑装饰工程预算书的编制依据

1. 审批后的设计施工图和说明书

经业主、设计单位和承包商共同进行会审并经有关部门会审后的施工图和说明书，是编制装饰工程预算的重要依据之一。它主要包括装饰工程施工图纸说明，总平面布置图、平面图、立面图、剖面图，梁、柱、地面、楼梯、屋顶、门窗等各种详图，以及门窗和材料明细表等。这些资料表明了装饰工程的主要工作对象和主要工作内容，以及结构、构造、零配件等尺寸，材料的品种、规格和数量等。

2. 批准的工程项目设计总概算文件

主管单位在批准拟建（或改建）项目的总投资概算后，将在拟建项目投资最高限额的基础上，对各单项工程规定相应的投资额。因此，在编制装饰工程预算时，必须以此为依据，使其预算造价不能突破单项工程概算中所规定的限额。

3. 施工组织设计资料

装饰施工组织设计具体地规定了装饰工程中各分项工程的施工方法、施工机具零配件加工方式、技术组织措施和现场平面布置图等内容。它直接影响整个装饰工程的预算造价，是计算工程量、选套预算定额或单位估价表和计算其他费用的重要依据。

4. 现行装饰工程预算定额

现行装饰工程预算定额是编制装饰工程预算的基本依据。编制预算时，从分部分项工程项目的划分到工程量的计算，都必须以此为标准。

5. 地区单位估价表

地区单位估价表是根据现行的装饰工程预算定额、建设地区的工资标准、材料预算价格、机械台班价格以及水、电、动力资源等价格进行编制的。它是现行预算定额中各分项工程及其子目在相应地区价值的货币表现形式，是地区编制装饰工程预算的最基本依据之一。

6. 材料预算价格

工程所在地区不同、运费不同，必将导致材料预算价格的不同。因此，必须以相应地区的材料预算价格进行定额调整或换算，以作为编制装饰工程预算的依据。

7. 有关标准图和取费标准

编制装饰工程预算除应具备全套的施工图纸以外，还必须具备所需的一切标准图（包括国家标准图、地区标准图）和相应地区的其他直接费、间接费、利润及税金等费率标准，作为计算工程量、计取有关费用、最后确定工程造价的依据。

8. 预算定额及有关的手册

预算定额及有关的手册是准确、迅速地计算工程量、进行工料分析、编制装饰工程预算的主要基础资料。

9. 其他资料

其他资料一般是指国家或地区主管部门，以及工程所在地区的工程造价管理部门所颁布的编制预算的补充规定（如项目划分、取费标准和调整系数等）、文件和说明等资料。

10. 装饰工程施工合同

施工合同是发包单位和承包单位履行双方各自承担的责任和分工的经济契约，也是当事人按有关法令、条例签订的权利和义务的协议。它明确了双方的责任及分工协作、互相制约、互相促进的经济关系。经双方签订的合同包括双方同意的有关修改承包合同、设计及变更文件，具体包括：承包范围、结算方式、包干系数的确定，材料量、质和价的调整，协商记录，会议纪要，以及资料和图表等。这些都是编制装饰工程预算的主要依据。

6.1.3 建筑装饰工程预算书的编制方法

装饰工程（概）预算通常由承包商负责编制，其编制的方法主要有以下两种。

1. 单位估价法

单位估价法又称"工程预算单价法"，是根据各分部分项工程的工程量，以当地人工工资标准、材料预算价格及机械台班费等预算定额基价或地区单位估价表，计算工程定额直接费、其他直接费，并由此计算企业管理费、利润、税金及其他费用，最后汇总得出整个工程预算造价的方法。

2. 实物造价法

装饰工程通常采用新材料、新工艺、新构件和新设备，有些项目在现行装饰工程定额中没有包括编制临时定额，同时在时间上又不允许，则通常采用实物造价法编制预算。实物造价法，是依据实际施工中所用的人工、材料和机械等单价，按照现行的定额消耗量计算人工费、材料费和机械费，并汇总后计算其他直接费用，然后再按照相应的费用定额计算间接费、利润、其他费用和税金，最后汇总形成工程预算造价的方法。

6.1.4 建筑装饰工程预算书的编制步骤

装饰工程预算，在满足编制条件的前提下，一般可按下列程序进行。

1. 收集相关的基础资料

收集相关的基础资料主要包括：经过交底会审后的施工图纸、批准的设计总概算书、施工组织设计和有关技术组织措施、国家和地区主管部门颁发的现行装饰工程预算定额、工人工资标准、材料预算价格、机械台班价格、单位估价表（包括各种补充规定）及各项费用的收费率标准、有关的预算工作手册、标准图集、工程施工合同和现场情况等资料。

2. 熟悉审核施工图纸

施工图纸是编制预算的主要依据。预算人员在编制预算之前应充分、全面地熟悉、审核施工图纸，了解设计意图，掌握工程全貌，这是准确、迅速地编制装饰工程施工图预算的关键。只有全面了解设计图纸并结合预算定额项目，划分的原则正确而全面地分析该工程中各分部分项工程以后，才能准确无误地对工程项目进行划分，以保证正确地计算出工程量和工程造价。熟悉审核施工图纸，一般按以下步骤进行：

（1）整理施工图纸：把目录上所排列的总说明、平面图、立面图、剖面图和构造详图等按顺序进行整理，将目录放在首页，装订成册，避免使用过程中引起混乱而造成失误。

（2）审核施工图纸：目的是检查图纸是否齐全，根据施工图纸的目录，对全套图纸进行核对，发现缺少应及时补全，同时收集有关的标准图集。

（3）熟悉施工图纸，正确计算工程量：经过对施工图纸进行整理、审核后，就可以进行阅读。其目的在于了解该装饰工程中各图纸之间、图纸与说明之间有无矛盾和错误，各设计标高、尺寸、室内外装饰材料和做法要求，以及施工中应注意的问题，采用的新材料、新工艺、新构件和新配件等是否需要编制补充定额或单位估价表，各分项工程的构造，尺寸和规定的材料品种、规格以及它们之间的相互关系是否明确，相应项目的内容与定额规定的内容是否一致等。熟悉图纸时应做好记录，为精确计算工程量、正确套用定额项目创造条件。

（4）交底会审：承包商在熟悉和审核图纸的基础上，参加由业主主持、设计单位参加的图纸交底会审会议，并妥善解决好图纸交底和会审中发现的问题。

3. 熟悉施工组织设计

施工组织设计是承包商根据施工图纸、组织施工的基本原则和上级主管部门的有关规定以及现场的实际情况等资料编制的，用以指导拟建工程施工过程中各项活动的技术、经济组织的综合性文件。它具体规定了组成拟建工程各分项工程的施工方法、施工进度和技术组织措施等。所以，编制装饰工程预算前应熟悉并注意施工组织设计中影响工程预算造价的所有有关内容，严格按照施工组织设计所确定的施工方法和技术组织措施等要求，准确计算工程量，套用相应的定额项目，使施工图预算能够反映客观实际。

4. 熟悉预算定额或单位估价表

预算定额或单位估价表是编制装饰工程施工图预算基础资料的主要依据，因此在编制预算之前熟悉和了解装饰工程预算定额或单位估价表的内容、形式和使用方法，是结合施工图纸迅速、准确地确定工程项目和计算工程量的根本保证。

5. 确定工程量的计算项目

（1）装饰工程分部分项工程的划分：装饰工程可划分为楼地面工程，墙、柱面工程，顶棚工程，门窗工程，油漆、涂料、裱糊工程，其他工程，装饰装修脚手架及项目成品保护费，以及垂直运输及超高费等。

1）认真阅读工程施工图，了解施工方案、施工条件及建筑用料说明，先列出各分部工程的名称，再列出分项工程的名称，最后逐个列出与该工程相关的定额子目名称。

2）分项工程名称的确定：一般的装饰工程包括楼地面工程，墙、柱面工程，顶棚工程，门窗工程，油漆、涂料、裱糊工程，其他工程，装饰装修脚手架及项目成品保护费，以及垂直运输及超高费，若实际工程仅指一般装饰装修工程中的几个分部，则其他分部工程就无须列出。

3）分项工程名称的确定：分项工程名称的确定需要根据具体的施工图纸来进行，不同的工程其分项工程也不同。例如，有的工程在楼地面工程中会列出垫层、找平层和整体面层等分项工程；有的工程在楼地面工程中会列出垫层、找平层、块料面层等分项工程。

4）定额子目名称的确定：根据具体的施工图纸中各分项工程所用材料种类、规格以及使用机械的不同情况，对照定额在各分项工程中列出具体的相关定额子目。例如，在墙面工程中的块料面层这一分项工程中，根据材料的种类进行划分有大理石、陶瓷锦砖等；根据施工工艺进行划分有干挂、挂贴等。根据这些具体划分和施工图具体情况，最终列出某工程具体空间的块料面层的一个定额子目。

（2）列定额子目的方法。一般按照对施工过程与定额的熟悉程度可分为以下两种：

1）如果对施工过程和定额一般了解，根据图纸按分部工程和分项工程的顺序，逐个按照定额子目的编号顺序查找列出定额子目。若施工图中有该内容，则按照定额子目名称列出；若施工图中无该内容，则不列。

2）如果对施工过程和定额相当熟悉，根据图纸按照整个工程施工过程对应列出发生的定额子目，即从工程开工到工程竣工，每发生一定施工内容对应列出一个定额子目。

（3）特殊情况下列定额子目的方法。包括以下两种情况：

1）如果施工图中设计的内容与定额子目内容不一致，在定额规定允许的情况下，应列出一个调整子目的名称。在这种情况下，在调整的定额子目编号前应加一个"换"字。

2）如果施工图中设计的内容在定额上根本就没有相关的类似子目，可按当地颁发的有关补充定额来列子目。若当地也无该补充定额，则应按照造价管理部门有关规定制定补充定额，并需经业主、承包商双方认可和管理部门批准。在这种情况下，在该定额子目编号前应加一个"补"字。

确定了分部分项定额子目名称，并检查无误后，便可以此为主线进行相关工程量的计算。

在熟悉图纸的基础上，列出全部所需编制的预算工程项目，并根据预算定额或单位估价表将设计中有关定额上没有的项目单独列出来，以便编制补充定额或采用实物造价法进行计算。

6. 计算工程量

工程量是以规定的计量单位（自然计量单位或法定计量单位）所表示的各分项工程或结构件的数量，是编制预算的原始数据。

在建筑装饰工程中，有些项目采用自然计量单位，例如，淋浴隔断以"间"为单位；而有些则是采用法定计量单位，例如，楼梯栏杆扶手等以"m"为单位，墙面、地面、柱面、顶棚和铝合金工程等以"m^2"为单位。

7. 工程量汇总

各分项工程量计算完毕并经仔细复核无误后，应根据概（预）算定额手册或单位估价表的内容、计量单位的要求，按分部分项工程的顺序逐项汇总、整理，以防止工程量计算时对分项工程的遗漏或重复，为套用预算定额或单位估价表提供良好条件。

8. 套用预算定额或单位估价表

根据所列计算项目和汇总整理后的工程量，就可以进行套用预算定额或单位估价表的工作，即汇总后求得直接费。

9. 计算各项费用

定额直接费求出后，按有关的费用定额即可进行其他直接费、间接费、其他费用和税金等的计算。

10. 比较分析

各项费用计算结束，即形成了装饰工程预算造价。此时，还必须与设计总概算中装饰工程概算部分进行比较，如果前者没有突破后者，则进行下一步；否则，要查找原因，纠正错误，保证预算造价在装饰工程概算投资额内。因工程需要的改变而突破总投资所规定的百分比，必须向有关部门重新申报。

11. 工料分析

12. 编制装饰工程施工预算书

根据上述有关项目求得相应的技术经济指标后，就要编制装饰工程（概）预算书，一般包括以下几个步骤：

（1）编写装饰工程预算书封面（表 6-1）。

表 6-1 装饰工程预算书封面

建筑安装工程
（　　）工程（　　）算书
建设单位：
施工单位：
工程名称：
建筑面积：　　　m^2　　　　　　　　　　　工程结构：
檐高：　　　　m　　　　　　　　　　　　工程地处：（　　）郊区
（　　）总价：　　　元　　　　　　　　　单方造价：　　　元/m^2
建设单位：　　　　　　　　　　　　　　　施工单位：
（公章）　　　　　　　　　　　　　　　　（公章）
负责人：　　　　　　　　　　　　　　　　审核人：
证号：
经手人：　　　　　　　　　　　　　　　　编制人：
证号：
开户银行：　　　　　　　　　　　　　　　开户银行：
年　月　日　　　　　　　　　　　　　年　月　日

159

（2）编制工程预算汇总表。

（3）编写编制说明：主要包括工程概况，编制依据和其他有关说明等。

（4）编制工程预算表：将装饰工程概预算书封面、工程预算汇总表、编制说明、工程预算表格和工程量计算表等按顺序装订成册，即形成了完整的装饰工程施工预算书。

6.2　建筑装饰工程预算审查方法与意义

6.2.1　建筑装饰工程预算审查方法

1. 全面审查法

全面审查法就是根据实际工程的施工图、施工组织设计或施工方案、工程承包合同或招标文件，结合现行定额或参照有关定额以及相关市场价格信息等，全面审查工程造价的工程量、定额单价以及工程费用计算等。对于传统预算的全面审查，其过程是一个完整的预算过程；对于工程量清单计价的全面审查，则是一个计量与计价分别的审查，或者说是一种虚拟全程审查。全面审查相当于将预算再编制一遍，其具体计算方法和审查过程与编制预算大致相同。

全面审查法的优点是全面细致，审查质量高且效果好，一般来讲经审查的工程预算差错比较少。其缺点是工作量大，耗费时间长。其适用的对象主要是工程量比较小、工艺比较简单的工程及编制预算的技术力量比较薄弱的工程预算。

2. 重点审查法

重点审查法就是抓住工程预算中的重点进行审查的方法。审查的重点一般有：

（1）工程量大或费用高的分项（子项）工程的工程量。

（2）工程量大或费用高的分项（子项）工程的定额单价。

（3）换算定额单价。

（4）补充定额单价。

（5）各项费用的计取。

（6）材料价差。

（7）其他。

对于工程量清单计价，业主编制工程量清单时重点审核工程量大或造价较高、工程结构复杂的工程的工程量等内容，以及在投标后重点审查重要的综合单价、措施费、总价等内容；承包商重点审查工程量大或造价较高、工程结构复杂的工程的综合单价及工程量、各项措施费用及总价等内容。在合作的全过程，双方对所有这些重点内容都要进行各自审查。

重点审查法的优点是重点突出，审查时间短，效果较好；其缺点是只能发现重点项目的差错，而不能发现工程量较小或费用较低项目的差错，预算差错不可能全部纠正。

3. 分组计算审查法

分组计算审查法就是把预算中的项目分为若干组，将相邻且有一定内在联系的项目编为一组，审查或计算同一组中某个分项工程量，利用工程量间具有相同或相似计算基础的关系，可以判断同组中其他几个分项工程量计算是否准确的一种审查方法。例如，在建筑装饰装修工程预算中，将楼地面装饰与天棚装饰分为一组。天棚与楼地面的工程量在一般情况下基本上是相同的，主要为主墙间净面积，所以只需计算一个工程量。如果天棚和楼地面做法有特殊要求，则应进行相应调整。

4. 对比审查法

对比审查法是指用已建成工程的预决算或未建成但已经审查修正过的预算对比审查拟建的类似工程预算的一种审查方法。

5. 标准预算审查法

标准预算审查法是指对于利用标准图或通用图施工的工程，先编制一定的标准预算，然后以其为标准审查预算的一种方法。

工程预算造价审查的方法多种多样，我们可以根据工程实际情况选择其中一种，也可以同时选用几种综合使用。

6.2.2　建筑装饰工程预算审查的意义

由于建筑装饰材料品种繁多，装饰技术日益更新，装饰类型各具特色，装饰工程预算影响因素较多，因此，为了合理确定装饰工程造价，保证建设单位、施工单位的合法经济利益，必须加强装饰工程预算的审查。

合理而又准确地对装饰工程造价进行审查，不仅有利于正确确定装饰工程造价，同时也为加强装饰企业经济核算和财务管理提供依据，合理审查装饰工程预算还有利于新材料、新工艺、新技术的推广和应用。

总体来讲，建筑装饰工程预算审查的意义可以概括为以下几点：

（1）有利于控制工程造价，克服和防止预算超概算。

（2）有利于加强固定资产管理，节约建设资金。

（3）有利于施工承包合同的合理确定，相对于招投标工程，工程预算是编制标底和标书的依据。

（4）有利于积累和分析各项经济技术指标，不断提高设计水平，积累各单价资料。

6.3　建筑装饰工程预算审查的依据与形式

6.3.1　建筑装饰工程预算审查的依据

1. 国家或省（市）颁发的现行定额或补充定额以及费用定额。

2. 现行的地区材料预算价格、本地区工资标准及机械台班费用标准。

3. 现行的地区单位估价表或汇总表。

4. 装饰装修施工图纸。

5. 有关该工程的调查资料。

6. 甲乙双方签订的合同或协议书以及招标文件。

7. 工程资料，如施工组织设计等文件资料。

6.3.2　建筑装饰工程预算审查的形式

1. 会审

是由建设单位、设计单位、施工单位各派代表一起会审，这种审核发现问题比较全面，又能及时交换意见，因此审核的进度快、质量高，多用于重要项目的审核。

2. 单审

是由审计部门或主管工程造价工作的部门单独审核。这些部门单独审核后，各自提出的修改意见，通知有关单位协商解决。

3. 建设单位审核

建设单位具备审核工程造价条件时，可以自行审核，对审核后提出的问题，同工程造价的编制单位协商解决。

4. 委托审核

随着造价师工作的开展，工程造价咨询机构应运而生，建设单位可以委托这些专门机构进行审核。

6.4　建筑装饰工程预算审查的内容与质量控制

6.4.1　建筑装饰工程预算审查的内容

1. 审查施工图预算和报价中分部分项工程子目的划分

能否正确地划分工程预算分项，是能否正确反映作业内容和劳动价值的重要依据。因此，对工程预算的分部分项子目应该认真进行核查。首先，要看所列子目内容是否与定额所列子目内容相一致，是否与工程实际相符等。有些定额没有，但工程实际发生并需要编制补充定额主项的项目（例如采用新材料、新工艺的项目）。

2. 审查工程量

（1）建筑面积计算

重点审查计算建筑面积所依据的尺寸、计算内容和方法是否符合建筑面积计算规则要求，要注意防止将不应计算的建筑面积纳入计算内容。

（2）装饰工程工程量清单

对于各部位的做法、工程量计算清单准确度、室内外装饰装修、地面顶棚装饰装修等主要审查计量单位和计算范围。注意内墙抹灰工程量是否按墙面的净高与净宽计算，防止重算、漏算，如单裁口双层门窗框间的抹灰已包含在定额中，防止另立项目、重复计算。

（3）金属构件制作

金属构件制作工程量大多以"吨"为单位。在计算时，型钢按图示尺寸求出长度，再乘以每米的重量。钢板需先算出面积，再乘以每平方米的重量。

3. 审查预算和报价单价的套用

审查预算单价的套用是否正确也是审查预算工作重要内容之一。审查的主要内容一般有：

（1）审查选套的定额项目

在编制预算中，这部分比较容易出现工程项目的工作内容与所选套相应定额项目的工作内容不一致。例如，建筑工程的土方工程首先要区别土壤类别，然后选套与其相对应土壤类别的定额项目，要注意的是往往一、二、三类土项目错套四类土项目。

（2）审查套用定额的方法

此项要着重审查是否按相应分部工程说明所规定的方法，对定额项目的人工、材料和机械台班消耗量及基价进行调整。例如，先打桩后挖土应增加系数，以及含水率变化增加系数。

（3）审查定额换算

应审查所换算的分项工程项目是否符合换算条件，应进行换算的换算方法是否符合定额规定。注意应换算项目中是否有因换算后其基价低于原定额项目基价而没进行换算，还要注意规定不允许换算的项目是否进行了换算等。

(4) 审查补充定额项目

在工程预算和报价的编制中，通常有些分项工程的定额项目未列入现行预算定额中，需要编制相应项目。要审查补充定额的编制是否符合编制原则。

6.4.2　建筑装饰工程预算审查的质量控制

6.4.2.1　审查中常见的问题及原因

1. 分项子目列错

分项子目列错有重项或漏项两种情况。

重项是将同一工作内容的子目分成两个子目列出。例如：面砖水泥砂浆粘贴，列成水泥砂浆抹灰和贴面砖两个子目，消耗量定额中已规定面砖水泥砂浆粘贴已包括水泥砂浆抹灰。造成重项的原因是：没有看清该分项子目的工作内容；对该分项子目的构造做法不清楚；对消耗量定额中分项子目的划分不了解等。

漏项是该列上的分项子目没有被列上，遗忘了。造成漏项的主要原因是：施工图纸没有看清楚；列分项子目时心急忙乱；对消耗量定额中分项子目的划分不了解等。

2. 工程量算错

工程量算错有计算公式用错和计算操作错误两种情况。

计算公式用错是指运用面积、体积等计算公式错误，导致计算结果错误。造成计算公式用错的主要原因是：计算公式不熟悉；没有遵循工程量计算规则。

计算操作错误是计算器操作不慎，造成计算结果出差错。造成计算操作错误的主要原因是：计算器操作时慌张，思想不集中。

3. 定额套错

定额套错是指该分项子目没有按消耗量定额中的规定套用。造成定额套错的主要原因是：没有看清消耗量定额上分项子目的划分规定；对该分项子目的构造做法尚不清楚；没有进行必要的定额换算。

4. 费率取错

费率取错是指计算技术措施费、其他措施费、利润、税金时各项费率取错，以致这些费用算错。造成费率取错的主要原因是：没有看清各项费率的取用规定；各项费用的计算基础用错；计算操作上失误。

6.4.2.2　控制和提高审查质量的措施

1. 审查单位应注意装饰预算信息资料的收集

由于装饰材料日新月异，新技术、新工艺不断涌现，因此，应不断收集、整理新的材料价格信息、新的施工工艺的用工和用料量，以适应装饰市场的发展要求，不断提高装饰预算审查的质量。

2. 建立健全审查管理制度

(1) 健全各项审查制度。包括：建立单审和会审的登记制度；建立审查过程中的工程量计算、定额单价及各项取费标准等依据留存制度；建立审查过程中核增、核减等台账填写与留存制度；建立装饰工程审查人、复查人审查责任制度；确定各项考核指标，考核审查工作的准确性。

(2) 应用计算机建立审查档案。建立装饰预算审查信息系统，可以加快审查速度，提高审查质量。系统可包括：工程项目、审查依据、审查程序、补充单价、造价等子系统。

3. 实事求是，以理服人

审查时遇到列项或计算中的争议问题，可主动沟通，了解实际情况，及时解决；遇到疑难问题不能取得一致意见，可请示造价管理部门或其他有权部门调解、仲裁等。

6.5 建筑装饰工程预算审查程序

1. 准备工作

（1）熟悉送审预算件和承、发包合同。

（2）收集并熟悉有关设计资料，核对与工程预算有关的图纸和标准图。

（3）了解施工现场实际情况，熟悉施工组织设计或技术措施方案，掌握其与编制预算有关的设计变更、现场签证等情况。

（4）熟悉送审工程预算所依据的预算定额、费用标准和有关文件。

2. 审查计算

首先确定审查方法，然后按确定的审查方法进行具体审查计算：

（1）核对工程量，根据定额规定的工程量计算规则进行核对。

（2）核对选套的定额项目。

（3）核对定额直接费汇总。

（4）核对其他直接费计算。

（5）核对间接费、计划利润、其他费用和税金计取。

在审查计算过程中，将审查出的问题做出详细明确的记录。

3. 审查单位与工程预算编制单位交换审查意见

将审查记录中的疑点、错误、重复计算和遗漏项目等问题与编制单位和建设单位交换意见，做进一步的核对，以便正确调整预算项目和费用。

4. 审查定案

根据交换意见确定的结果，将更正后的项目进行计算并汇总，填制工程预算审查调整表，见表 6-2 和表 6-3。由编制单位责任人签字加盖公章，审查责任人签字并加盖审查单位公章。至此，工程预算审查定案。

表 6-2 分项工程定额直接费调整表

序号	装饰分部工程名称	原预算					调整后预算					核减金额	核增金额
		定额编号	单位	工程量	直接费（元）	人工费（元）	定额编号	单位	工程量	直接费（元）	人工费（元）		

编制单位：（章）　　　　编制人：　　　　审查单位：（章）　　　　　　　　审核人：

164

表 6-3　工程预算费用调整表

序号	费用名称	原预算			调整后预算			核减金额	核增金额
		费率	计算基础	金额（元）	费率	计算基础	金额（元）		

编制单位：（章）　　　　　编制人：　　　　审查单位：（章）　　　　　　　审核人：

上岗工作要点

1. 在实际工作中，掌握建筑装饰工程预算书的编制方法。
2. 在实际工作中，掌握建筑装饰工程预算的审查方法。

思 考 题

6-1　装饰工程预算书应包括哪些内容？

6-2　建筑装饰工程预算书的编制依据有哪些？

6-3　建筑装饰工程预算书的编制步骤有哪些？

6-4　建筑装饰工程预算有哪些审查方法？

6-5　建筑装饰工程预算审查的意义。

6-6　建筑装饰工程预算审查中常见的问题有哪些？

6-7　建筑装饰工程预算审查的程序是什么？

第7章 建筑装饰工程结算

重 点 提 示

1. 熟悉工程结算的概念。
2. 熟悉工程结算的编制依据。
3. 熟悉工程结算的编制内容及编制方法和步骤。

7.1 概述

7.1.1 工程结算的概念

工程结算，是一个单位工程或单项建筑安装工程完工，并经建设单位及有关部门验收点交后，施工企业与建设单位之间办理的工程财务结算。

竣工结算意味着承、发包双方经济关系的结束。因此承、发包双方的财务往来必须结清。结算应根据《工程竣工结算书》和《工程价款结算账单》进行。前者是施工单位根据合同造价、设计变更增（减）项和其他经济签证费用编制的确定工程最终造价的经济文件，表示向建设单位应收的全部工程价款。后者是表示承包单位已向建设单位收进的工程款，其中包括建设单位供应的器材（填报时必须将未付给建设单位的材料价款减除）。以上两者必须由施工单位在工程竣工验收点交后编制，送建设单位审查无误并由建设银行审查同意后，由承、发包单位共同办理竣工结算手续，才能进行工程结算。

7.1.2 工程结算的原则和依据

7.1.2.1 工程结算的原则

编制竣工结算书的项目，必须是具备结算条件的项目。对要办理竣工结算的工程项目内容，要进行全面清点，包括工程数量、质量等，都必须符合设计要求及施工验收规范。未完工程或工程质量不合格的，不能结算，需要返工的，应返修并经验收点交后，才能结算。编制竣工结算书是一项细致工作，它既要正确地贯彻执行国家及地方的有关规定，又要实事求是地反映建筑安装工人所创造的价值。其编制原则如下：

（1）严格遵守国家和地方的有关规定，以保证建筑产品价格的统一性和准确性。

（2）坚持实事求是的原则。

7.1.2.2 工程结算的依据

（1）工程竣工报告及工程竣工验收单。这是编制工程竣工结算的首要条件。未经竣工验收合格的工程不准结算。

（2）工程承包合同或施工协议书。

（3）经建设单位及有关部门审核批准的原工程概预算及增减概预算。

（4）施工图纸、设计变更通知单、技术洽商及现场施工变更记录。

（5）在工程施工过程中实际发生的参考概预算价差价凭据，暂估价差价凭据，以及合同中规定的需持凭据进行结算的原始凭证。

（6）地区现行的概预算定额、基本建设材料预算价格、费用定额及有关规定。

（7）其他有关资料。

7.2 工程结算的内容、方法与步骤

7.2.1 工程结算的内容

1. 封面与编制说明

（1）工程结算封面

工程结算封面反映建设单位建设工程概要，表明编审单位资质与责任。

（2）工程结算编制说明

对于包干性质的工程结算主要包括：编制依据，结算范围，甲、乙双方应着重说明包干范围以外的问题，协商处理的有关事项以及其他必须说明的问题。

2. 工程原施工图预算

工程原施工图预算是工程竣工结算主要的编制依据，是工程结算的重要组成部分，不可遗漏。

3. 工程结算表

结算编制方法中，最突出的特点就是不论采用何种方法，原预算未包括的内容均可调整，因此，结算编制主要是施工中变更内容进行预算调整。

4. 结算工、料分析表及材料价差计算表

分析方法同预算编制方法，需对调整工程量进行工、料分析，并对工程项目材料进行汇总，按现行市场价格计算工、料价差。

5. 工程竣工结算费用计算表

根据各项费用调整额，按结算期的计费文件的有关规定进行工程计费。

6. 工程竣工结算资料汇总

汇总全部结算资料，并按要求分类施工期和施工阶段进行整理，以审计时待查。

7.2.2 工程结算的编制方法

工程结算的编制内容和方法随承包方式的不同而有所差异。

1. 采用施工图概预算承包方式的工程结算

在施工过程中不可避免地要发生一些设计变更、材料代用、施工条件的变化、某些经济政策的变化以及人力不可抗拒的因素等。这些情况绝大多数都要增加或减少一些费用，从而影响到施工图概预算价格的变化。因此，这类工程的竣工结算书是在原工程概预算的基础上，加上设计变更增减项和其他经济签证费用编制而成，所以又称预算结算制。

2. 采用施工图概预算加包干系数或平方米造价包干形式承包的工程结算

采用这类承包方式一般在承包合同中已分清了承、发包之间的义务和经济责任，不再办理施工过程中所承包内容内的经济洽商，在工程竣工结算时不再办理增减调整。工程竣工后，仍以原概预算加包干系数或平方米造价的价值进行竣工结算。

3. 采用招标投标方式承包的工程结算

采用招标投标方式的工程，其结算原则上应按中标价格（即成交价格）进行。但是一些

工期较长，内容比较复杂的工程，在施工过程中，难免发生一些较大的设计变更和材料价格的调整，如果在合同中规定有允许调价的条文，施工单位在工程竣工结算时，在中标价格的基础上进行调整。合同条文规定允许调价范围以外的费用，建筑企业可以向招标单位提出洽商或补充合同，作为结算调整价格的依据。

4. 采用 $1m^2$ 造价包干方式的工程结算

民用住宅装饰装修工程一般采用这种结算方式，它与其他工程结算方式相比，手续简便。它是双方根据一定的工程资料，事先协商好每 $1m^2$ 的造价指标，然后按建筑面积汇总造价，确定应付工程价款。

7.2.3 工程结算的编制步骤

1. 承包方工程结算的编制步骤

(1) 收集分析影响工程量差、价差和费用变化的原始凭证。

(2) 根据工程实际对施工图预算的主要内容进行检查、核对。

(3) 根据收集的资料和预算对结算进行分类汇总，计算量差、价差，进行费用调整。

(4) 根据查对结果和各种结算依据，分别归类汇总，填写竣工工程结算单，编制单位工程结算。

(5) 编写竣工结算说明书。

(6) 编制单项工程结算。目前国家没有统一规定工程竣工结算书的格式，各地区可结合当地情况和需要自行设计计算表格，供结算使用。

2. 业主工程结算的管理程序

(1) 业主接到承包商提交的竣工结算书后，应以单位工程为基础，对承包合同内规定的施工内容，包括工程项目、工程量、单价取费和计算结果等进行检查与核对。

(2) 核查合同工程的竣工结算，竣工结算应包括以下几方面：

1) 开工前准备工作的费用是否准确。

2) 土石方工程与基础处理有无漏算或多算。

3) 钢筋混凝土工程中的钢筋含量是否按规定进行了调整。

4) 加工订货的项目、规格、数量、单价等与实际安装的规格、数量、单价是否相符。

5) 特殊工程中使用的特殊材料的单价有无变化。

6) 工程施工变更记录与合同价格的调整是否相符。

7) 实际施工中有无与施工图要求不符的项目。

8) 单项工程综合结算书与单位工程结算书是否相符。

(3) 对核查过程中发现的不符合合同规定情况，如多算、漏算或计算错误等，均应予以调整。

(4) 将批准的工程竣工结算书送交有关部门审查。

(5) 工程竣工结算书经过确认后，办理工程价款的最终结算拨款手续。

上岗工作要点

1. 了解工程结算的内容。

2. 掌握工程结算的编制方法及步骤，并能在实际工作中熟练运用。

思 考 题

7-1　工程结算有哪些原则?

7-2　工程结算的依据是什么?

7-3　工程结算的编制方法有哪些?

7-4　工程结算的编制步骤是什么?

附录 A 建筑装饰装修工程材料规格及重量表

1. 型钢规格及重量表（表 A-1～表 A-7）

表 A-1 热轧圆钢和方钢的尺寸及理论重量（GB/T 702—2008）

圆钢公称直径 d 方钢公称边长 a（mm）	理论重量（kg/m）		圆钢公称直径 d 方钢公称边长 a（mm）	理论重量（kg/m）	
	圆钢	方钢		圆钢	方钢
5.5	0.186	0.237	31	5.92	7.54
6	0.222	0.283	32	6.31	8.04
6.5	0.260	0.332	33	6.71	8.55
7	0.302	0.385	34	7.13	9.07
8	0.395	0.502	35	7.55	9.62
9	0.499	0.636	36	7.99	10.2
10	0.617	0.785	38	8.90	11.3
11	0.746	0.950	40	9.86	12.6
12	0.888	1.13	42	10.9	13.8
13	1.04	1.33	45	12.5	15.9
14	1.21	1.54	48	14.2	18.1
15	1.39	1.77	50	15.4	19.6
16	1.58	2.01	53	17.3	22.0
17	1.78	2.27	55	18.6	23.7
18	2.00	2.54	56	19.3	24.6
19	2.23	2.83	58	20.7	26.4
20	2.47	3.14	60	22.2	28.3
21	2.72	3.46	63	24.5	31.2
22	2.98	3.80	65	26.0	33.2
23	3.26	4.15	68	28.5	36.3
24	3.55	4.52	70	30.2	38.5
25	3.85	4.91	75	34.7	44.2
26	4.17	5.31	80	39.5	50.2
27	4.49	5.72	85	44.5	56.7
28	4.83	6.15	90	49.9	63.6
29	5.18	6.60	95	55.6	70.8
30	5.55	7.06	100	61.7	78.5

圆钢公称直径 d 方钢公称边长 a（mm）	理论重量（kg/m）		圆钢公称直径 d 方钢公称边长 a（mm）	理论重量（kg/m）	
	圆钢	方钢		圆钢	方钢
105	68.0	86.5	180	200	254
110	74.6	95.0	190	223	283
115	81.5	104	200	247	314
120	88.8	113	210	272	
125	96.3	123	220	298	
130	104	133	230	326	
135	112	143	240	355	
140	121	154	250	385	
145	130	165	260	417	
150	139	177	270	449	
155	148	189	280	483	
160	158	201	290	518	
165	168	214	300	555	
170	178	227	310	592	

注：表中钢的理论重量是按密度为 7.85g/cm³ 计算。

表 A-2　热轧扁钢的尺寸及理论重量（1）

公称宽度（mm）	厚度（mm）									
	3	4	5	6	7	8	9	10	11	12
	理论重量（kg/m）									
10	0.24	0.31	0.39	0.47	0.55	0.63				
12	0.28	0.38	0.47	0.57	0.66	0.75				
14	0.33	0.44	0.55	0.66	0.77	0.88				
16	0.38	0.50	0.63	0.75	0.88	1.00	1.15	1.26		
18	0.42	0.57	0.71	0.85	0.99	1.13	1.27	1.41		
20	0.47	0.63	0.78	0.94	1.10	1.26	1.41	1.57	1.73	1.88
22	0.52	0.69	0.86	1.04	1.21	1.38	1.55	1.73	1.90	2.07
25	0.59	0.78	0.98	1.18	1.37	1.57	1.77	1.96	2.16	2.36
28	0.66	0.88	1.10	1.32	1.54	1.76	1.98	2.20	2.42	2.64
30	0.71	0.94	1.18	1.41	1.65	1.88	2.12	2.36	2.59	2.83
32	0.75	1.00	1.26	1.51	1.76	2.01	2.26	2.55	2.76	3.01
35	0.82	1.10	1.37	1.65	1.92	2.20	2.47	2.75	3.02	3.30
40	0.94	1.26	1.57	1.88	2.20	2.51	2.83	3.14	3.45	3.77
45	1.06	1.41	1.77	2.12	2.47	2.83	3.18	3.53	3.89	4.24
50	1.18	1.57	1.96	2.36	2.75	3.14	3.53	3.93	4.32	4.71
55		1.73	2.16	2.59	3.02	3.45	3.89	4.32	4.75	5.18

公称宽度 (mm)	厚度 (mm)									
	3	4	5	6	7	8	9	10	11	12
	理论重量 (kg/m)									
60		1.88	2.36	2.83	3.30	3.77	4.24	4.71	5.18	5.65
65		2.04	2.55	3.06	3.57	4.08	4.59	5.10	5.61	6.12
70		2.20	2.75	3.30	3.85	4.40	4.95	5.50	6.04	6.59
75		2.36	2.94	3.53	4.12	4.71	5.30	5.89	6.48	7.07
80		2.51	3.14	3.77	4.40	5.02	5.65	6.28	6.91	7.54
85			3.34	4.00	4.67	5.34	6.01	6.67	7.34	8.01
90			3.53	4.24	4.95	5.65	6.36	7.07	7.77	8.48
95			3.73	4.47	5.22	5.97	6.71	7.46	8.20	8.95
100			3.92	4.71	5.50	6.28	7.06	7.85	8.64	9.42
105			4.12	4.95	5.77	6.59	7.42	8.24	9.07	9.89
110			4.32	5.18	6.04	6.91	7.77	8.64	9.50	10.36
120			4.71	5.65	6.59	7.54	8.48	9.42	10.36	11.30
125				5.89	6.87	7.85	8.83	9.81	10.79	11.78
130				6.12	7.14	8.16	9.18	10.20	11.23	12.25
140					7.69	8.79	9.89	10.99	12.09	13.19
150					8.24	9.42	10.60	11.78	12.95	14.13
160					8.79	10.05	11.30	12.56	13.82	15.07
180					9.89	11.30	12.72	14.13	15.54	16.96
200					10.99	12.56	14.13	15.70	17.27	18.84

表 A-3　热轧扁钢的尺寸及理论重量 (2)

公称宽度 (mm)	厚度 (mm)														
	14	16	18	20	22	25	28	30	32	36	40	45	50	56	60
	理论重量 (kg/m)														
10															
12															
14															
16															
18															
20															
22															
25	2.75	3.14													
28	3.08	3.53													
30	3.30	3.77	4.24	4.71											
32	3.52	4.02	4.52	5.02											
35	3.85	4.40	4.95	5.50	6.04	6.87	7.69								

公称宽度 (mm)	厚度 (mm)														
	14	16	18	20	22	25	28	30	32	36	40	45	50	56	60
	理论重量 (kg/m)														
40	4.40	5.02	5.65	6.28	6.91	7.85	8.79								
45	4.95	5.65	6.36	7.07	7.77	8.83	9.89	10.60	11.30	12.72					
50	5.50	6.28	7.06	7.85	8.64	9.81	10.99	11.78	12.56	14.13					
55	6.04	6.91	7.77	8.64	9.50	10.79	12.09	12.95	13.82	15.54					
60	6.59	7.54	8.48	9.42	10.36	11.78	13.19	14.13	15.07	16.96	18.84	21.20			
65	7.14	8.16	9.18	10.20	11.23	12.76	14.29	15.31	16.33	18.37	20.41	22.96			
70	7.69	8.79	9.89	10.99	12.09	13.74	15.39	16.49	17.58	19.78	21.98	24.73			
75	8.24	9.42	10.60	11.78	12.95	14.72	16.48	17.66	18.84	21.20	23.55	26.49			
80	8.79	10.05	11.30	12.56	13.82	15.70	17.58	18.84	20.10	22.61	25.12	28.26	31.40	35.17	
85	9.34	10.68	12.01	13.34	14.68	16.68	18.68	20.02	21.35	24.02	26.69	30.03	33.36	37.37	40.04
90	9.89	11.30	12.72	14.13	15.54	17.66	19.78	21.20	22.61	25.43	28.26	31.79	35.32	39.56	42.39
95	10.44	11.93	13.42	14.92	16.41	18.64	20.88	22.37	23.86	26.85	29.83	33.56	37.29	41.76	44.74
100	10.99	12.56	14.13	15.70	17.27	19.62	21.98	23.55	25.12	28.26	31.40	35.32	39.25	43.96	47.10
105	11.54	13.19	14.84	16.48	18.13	20.61	23.08	24.73	26.38	29.67	32.97	37.09	41.21	46.16	49.46
110	12.09	13.82	15.54	17.27	19.00	21.59	24.18	25.90	27.63	31.09	34.54	38.86	43.18	48.36	51.81
120	13.19	15.07	16.96	18.84	20.72	23.55	26.38	28.26	30.14	33.91	37.68	42.39	47.10	52.75	56.52
125	13.74	15.70	17.66	19.62	21.58	24.53	27.48	29.44	31.40	35.32	39.25	44.16	49.06	54.95	58.88
130	14.29	16.33	18.37	20.41	22.45	25.51	28.57	30.62	32.66	36.74	40.82	45.92	51.02	57.15	61.23
140	15.39	17.58	19.78	21.98	24.18	27.48	30.77	32.97	35.17	39.56	43.96	49.46	54.95	61.54	65.94
150	16.48	18.84	21.20	23.55	25.90	29.44	32.97	35.32	37.68	42.39	47.10	52.99	58.88	65.94	70.65
160	17.58	20.10	22.61	25.12	27.63	31.40	35.17	37.68	40.19	45.22	50.24	56.52	62.80	70.34	75.36
180	19.78	22.61	25.43	28.26	31.09	35.32	39.56	42.39	45.22	50.87	56.52	63.58	70.65	79.13	84.78
200	21.98	25.12	28.26	31.40	34.54	39.25	43.96	47.10	50.24	56.52	62.80	70.65	78.50	87.92	94.20

注：1. 表中粗线用以划分扁钢的组别。

　　　1 组—理论重量≤19kg/m。

　　　2 组—理论重量>19kg/m。

　　2. 表中的理论重量按密度为 7.85g/cm³ 计算。

表 A-4　电线套管规格重量表

公称口径（内径）		外径	壁厚	理论重量
mm	英寸	(mm)	(mm)	（不计管接头） (kg/m)
10	⅜	9.51	1.24	0.261
12	½	12.70	1.60	0.451
15	⅝	15.87	1.60	0.562
20	¾	19.05	1.80	0.765
25	1	25.40	1.80	1.035
32	1¼	31.75	1.80	1.335
40	1½	38.10	1.80	1.611
50	2	50.80	2.00	2.400
64	2½	63.50	2.50	3.760
76	3	76.20	3.20	5.750

注：钢管的通常长度为 3～9m。

表 A-5 常用冷拔（冷轧）无缝钢管规格重量表（1）

外径 (mm)	壁　厚　（mm）														
	1.0	1.2	1.4	1.6	1.8	2.0	2.2	2.5	2.8	3.0	3.2	3.5	4.0	4.5	5.0
	钢　管　理　论　重　量　（kg/m）														
25	0.592	0.703	0.813	0.925	1.03	1.13	1.24	1.39	1.53	1.63	1.72	1.86	2.07	2.28	2.47
28	0.666	0.792	0.913	1.040	1.16	1.28	1.40	1.57	1.74	1.85	1.96	2.11	2.37	2.61	2.84
29	0.691	0.823	0.951	1.076	1.22	1.33	1.47	1.63	1.83	1.92	2.02	2.20	2.47	2.72	2.96
30	0.715	0.851	0.986	1.120	1.25	1.38	1.51	1.70	1.88	2.00	2.12	2.29	2.56	2.83	3.05
32	0.755	0.910	1.053	1.200	1.34	1.48	1.62	1.76	2.02	2.15	2.28	2.46	2.76	3.05	3.33
34	0.814	0.968	1.122	1.280	1.43	1.58	1.72	1.94	2.15	2.29	2.43	2.63	2.96	3.27	2.58
36	0.863	1.027	1.192	1.360	1.53	1.68	1.83	2.07	2.29	2.44	2.59	2.81	3.16	3.50	3.82
38	0.912	1.087	1.260	1.440	1.61	1.78	1.94	2.19	2.43	2.59	2.75	2.93	3.35	3.72	4.07
40	0.962	1.146	1.330	1.520	1.69	1.87	2.05	2.31	2.56	2.74	2.91	3.15	3.55	3.94	4.32
42	1.010	1.208	1.410	1.600	1.79	1.97	2.16	2.44	2.70	2.89	3.07	3.32	3.75	4.16	4.56
44.5	1.070	1.281	1.480	1.650	1.88	2.10	2.26	2.59	2.89	3.07	3.25	3.54	4.00	4.44	4.87
45	1.090	1.295	1.510	1.710	1.91	2.12	2.32	2.62	2.91	3.11	3.31	3.58	4.04	4.49	4.93
48	1.150	1.382	1.610	1.830	2.05	2.27	2.43	2.81	3.11	3.33	3.54	3.84	4.34	4.83	5.30
50	1.210	1.440	1.680	1.910	2.14	2.37	2.59	2.93	3.25	3.48	3.70	4.01	4.54	5.05	5.55
53	1.280	1.530	1.780	2.030	2.27	2.51	2.76	3.11	3.46	3.70	3.94	4.27	4.83	5.38	5.92
56	1.360	1.620	1.890	2.150	2.40	2.66	2.92	3.30	3.66	3.92	4.17	4.53	5.13	8.71	6.29
60	1.460	1.740	2.020	2.310	2.58	2.86	3.13	3.55	3.94	4.22	4.49	4.83	5.52	5.16	6.78
63	1.530	1.830	2.130	2.420	2.71	3.01	3.30	3.72	4.15	4.44	4.73	5.19	5.81	6.49	7.14
65	1.580	1.890	2.200	2.500	2.80	3.11	3.40	3.85	4.29	4.59	4.89	5.31	6.02	6.71	7.40
70	1.700	2.030	2.370	2.700	3.24	3.35	3.68	4.16	4.63	4.96	5.28	5.74	6.51	7.27	8.01
75	1.820	2.180	2.540	2.900	3.47	3.60	3.95	4.46	4.97	5.32	5.68	6.17	7.00	7.82	8.62
80			2.710	3.090	3.69	3.84	4.22	4.77	5.32	5.69	6.07	6.60	7.49	8.37	9.24
85			2.880	3.290	3.91	4.09	4.48	5.08	5.66	6.06	6.46	7.04	7.98	8.93	9.86
90			3.050	3.490	4.13	4.34	4.76	5.39	6.01	6.43	6.86	7.47	8.47	9.49	10.47
95			3.210	3.680	4.35	4.59	5.02	5.70	6.36	6.81	7.26	7.90	8.98	10.04	11.10

表 A-6 常用冷拔（冷轧）无缝钢管（2）

外径 (mm)	壁　厚　（mm）														
	2.5	2.8	3	3.5	4	4.5	5	5.5	6	7	8	9	10	11	12
	钢　管　理　论　重　量　（kg/m）														
32								3.59	3.85	4.30	4.74				
38								4.41	4.74	5.35	5.92				
42								4.95	5.33	6.04	6.71	7.32	7.88		
45								5.36	5.77	6.56	7.30	7.99	8.63		
50								6.04	6.51	7.42	8.29	9.10	9.86		
54			3.77	4.36	4.93	5.49	6.04	6.58	7.10	8.11	9.08	9.99	10.85	11.67	
57			4.00	4.62	5.23	4.83	6.41	6.99	7.55	8.63	9.67	10.65	11.59	12.48	13.82
60			4.22	4.88	5.52	6.16	6.78	7.39	7.99	9.15	10.26	11.32	12.33	13.29	14.21
63.5			4.48	5.18	5.87	6.55	7.21	7.87	8.51	9.75	10.95	12.10	13.19	14.24	15.24
68			4.81	5.57	6.31	7.05	7.77	8.48	9.17	10.53	11.84	13.10	14.30	15.46	16.37
70			4.96	5.74	6.51	7.27	8.01	8.75	9.47	10.88	12.23	13.54	14.80	16.01	17.46

174

外径 (mm)	壁厚 (mm)														
	2.5	2.8	3	3.5	4	4.5	5	5.5	6	7	8	9	10	11	12
	钢 管 理 论 重 量 （kg/m）														
73			5.18	6.00	6.81	7.60	8.33	9.16	9.91	11.39	12.82	14.21	15.54	16.82	18.05
76			5.40	6.26	7.10	7.93	8.75	9.50	10.36	11.91	13.42	14.37	16.28	17.63	18.94
83				6.86	7.79	8.71	9.62	10.51	11.39	13.12	14.80	16.42	18.00	19.53	21.04
89				7.38	8.38	9.38	10.36	11.33	12.28	14.16	15.98	17.76	19.48	21.16	22.79
95				7.90	8.98	10.04	11.10	12.14	13.17	15.19	17.16	19.09	20.96	22.79	24.56
102				8.50	9.67	10.82	11.96	13.00	14.21	16.40	18.55	20.64	22.69	24.69	26.63
108					10.26	11.49	12.70	13.00	15.09	17.44	19.23	21.97	24.17	26.31	28.41
114					10.85	12.15	13.44	14.72	15.98	18.47	20.91	23.31	25.65	27.94	30.19
121					11.54	12.93	14.30	15.67	17.02	19.68	22.29	24.86	27.37	29.84	32.26
127					12.13	13.59	15.04	16.48	17.90	20.72	23.48	26.19	28.85	31.47	34.03
133					12.73	14.26	15.78	17.29	18.70	21.75	24.68	27.52	30.33	33.10	35.84
140						15.04	16.65	18.24	19.83	22.96	26.04	29.08	32.06	34.99	37.88
146						15.70	17.39	19.06	20.72	24.00	27.23	30.41	33.54	36.62	39.66
152						16.37	18.13	19.87	21.60	25.03	28.41	31.74	35.02	38.25	41.43

表 A-7 热轧普通工字钢的规格重量表

图示	型号	h	b	d	重量 (kg/m)	型号	h	b	d	重量 (kg/m)	型号	h	b	d	重量 (kg/m)
	10	100	68	4.5	11.2	28a	280	122	8.5	43.4	45b	450	152	13.5	87.4
	12.6	126	74	5	14.2	28b	280	124	10.5	47.9	45c	450	154	15.5	94.5
	14	140	80	5.5	16.9	32a	320	130	9.5	52.7	50a	500	158	12.0	93.6
	16	160	88	6.02	0.5	32b	320	132	11.5	57.7	50b	500	160	14	101.0
	18	180	94	6.5	24.1	36a	360	136	10.0	59.9	32c	320	134	13.5	62.8
	20a	200	100	7.0	27.9	36b	360	138	12.0	65.6	50c	500	162	16	109.0
	20b	200	102	9.0	31.1	36c	360	140	14.0	71.2	56a	560	166	12.5	106.2
	22a	220	110	7.5	33.0	40a	400	142	10.5	67.6	56b	560	168	14.5	115.0
	22b	220	112	9.5	36.4	40b	400	144	12.5	73.8	56c	560	170	16.5	123.9
	25a	250	116	8	38.1	40c	400	146	14.5	80.1	63a	630	176	13	124.9
	25b	250	118	10	42.0	45a	450	150	11.5	80.4	63b	630	178	15	131.5
											63c	630	180	17	141.0

2. 不锈钢材料重量表（表 A-8～表 A-14）

表 A-8 不锈钢管材精确重量计算公式

钢 种	圆管重量计算公式	方、矩管重量计算公式	基本重量 (kg)
AISI 316	$W=0.02507t(D-t)$	$W=0.01596[t(A+B-2t)]-0.11]$	7.98
AISI 304	$W=0.02491t(D-t)$	$W=0.01586[t(A+B-2t)-0.11]$	7.93
AISI 430	$W=0.02419t(D-t)$	$W=0.01540[t(A+B-2t)-0.11]$	7.70

注：$W=$重量（kg/m），$t=$壁厚（mm），$D=$外径（mm），$A=$长边（mm），$B=$短边（mm）。

密度：AISI 430 是按 7.70g/cm³ 来计算质量的，AISI 304 是按 7.93g/cm³，AISI 316 是按 7.98g/cm³。

表 A-9 不锈钢圆管单位重量表

外径		型号	壁厚 (mm)												
in	mm		0.5	0.6	0.8	1.0	1.2	1.5	2.0	2.5	3.0	3.5	4.0	5.0	6.0
			kg/m	kg/m	kg/m	kg/m	kg/m	kg/m	kg/m	kg/m	kg/m	kg/m	kg/m	kg/m	kg/m
½	12.70	AISI 304	0.15	0.18	0.24	0.29	0.34								
		AISI 430	0.15	0.18	0.23	0.28	0.33								
⅝	16.00	AISI 304	0.19	0.23	0.30	0.37	0.44	0.54							
		AISI 430	0.19	0.22	0.29	0.36	0.43	0.53							
¾	19.00	AISI 304	0.23	0.28	0.36	0.45	0.53	0.65	0.85						
		AISI 430	0.22	0.27	0.35	0.44	0.52	0.63	0.82						
	22.00	AISI 304	0.27	0.32	0.42	0.52	0.62	0.77	1.00						
		AISI 430	0.26	0.31	0.41	0.51	0.60	0.74	0.97						
1	25.40	AISI 304	0.31	0.37	0.49	0.61	0.72	0.89	1.17	1.43					
		AISI 430	0.30	0.36	0.48	0.59	0.70	0.87	1.13	1.38					
1¼	31.80	AISI 304			0.62	0.77	0.92	1.13	1.49	1.83					
		AISI 430			0.60	0.75	0.89	1.10	1.44	1.77					
	38.10	AISI 304			0.74	0.92	1.10	1.37	1.80	2.22	2.62	3.02	3.40	4.12	
		AISI 430			0.72	0.90	1.07	1.33	1.75	2.15	2.55	2.93	3.30	4.00	
1½	40.00	AISI 304			0.78	0.97	1.16	1.44	1.89	2.34	2.77	3.18	3.59	4.36	
		AISI 430			0.76	0.94	1.13	1.40	1.84	2.27	2.69	3.09	3.48	4.23	
	45.00	AISI 304				1.10	1.31	1.63	2.14	2.65	3.14	3.62	4.09	4.98	
		AISI 430				1.06	1.27	1.58	2.08	2.57	3.05	3.51	3.97	4.84	
2	48.00	AISI 304				1.17	1.40	1.74	2.29	2.83	3.36	3.88	4.38	5.36	
		AISI 430				1.14	1.36	1.69	2.23	2.75	3.27	3.77	4.26	5.20	
	50.00	AISI 304				1.22	1.46	1.81	2.39	2.96	3.51	4.05	4.58	5.61	
		AISI 430				1.19	1.42	1.76	2.32	2.87	3.41	3.94	4.45	5.44	
2½	63.00	AISI 304				1.54	1.85	2.30	3.04	3.77	4.48	5.19	5.88	7.22	
		AISI 430				1.50	1.79	2.23	2.95	3.66	4.35	5.04	5.71	7.02	
3	76.30	AISI 304					2.25	2.80	3.70	4.60	5.48	6.35	7.20	8.88	10.51
		AISI 430					2.18	2.71	3.59	4.46	5.32	6.21	7.00	8.62	10.20
	80.00	AISI 304						2.93	3.89	4.83	5.75	6.67	7.57	9.34	11.06
		AISI 430						2.85	3.77	4.69	5.59	6.48	7.35	9.07	10.74
3½	89.90	AISI 304						3.30	4.38	5.44	6.49	7.53	8.56	10.57	12.54
		AISI 430						3.21	4.25	5.29	6.31	7.32	8.31	10.27	12.48
	102.00	AISI 304							4.98	6.20	7.40	8.59	9.77	12.08	14.35
		AISI 430							4.84	6.02	7.28	8.34	9.48	11.73	13.93
4¼	108.00	AISI 304								6.57	7.85	9.11	0.36	12.83	15.25
		AISI 430								6.38	7.62	8.85	0.06	12.46	14.80
4½	114.00	AISI 304									8.30	9.63	10.96	13.48	16.14
		AISI 430									8.06	9.36	10.64	13.18	15.68

注：1. 表中标准参照日本 JIS 与 ANSI/ASTM 有关标准编制。
　　2. 根据供需双方协议，也可用其他标准生产。

表 A-10 不锈钢方管单位重量表

边长（mm）	型号	壁　厚　（mm）								
		0.5	0.6	0.8	1.0	1.2	1.5	2.0	2.5	3.0
		kg/m	kg/m	kg/m	kg/m	kg/m	kg/m	kg/m	kg/m	kg/m
10×10	AISI 304	0.15	0.18	0.23	0.28	0.33				
	AISI 430	0.14	0.17	0.22	0.28	0.32				
12.7×12.7	AISI 304	0.19	0.23	0.30	0.37	0.44	0.53			
(½×½)	AISI 430	0.19	0.22	0.29	0.36	0.42	0.52			
15.9×15.9	AISI 304	0.24	0.29	0.38	0.47	0.56	0.68	0.88		
(⅝×⅝)	AISI 430	0.24	0.28	0.37	0.46	0.54	0.66	0.85		
16×16	AISI 304	0.24	0.29	0.38	0.47	0.56	0.69	0.89		
	AISI 430	0.24	0.28	0.37	0.46	0.55	0.67	0.86		
19×19	AISI 304	0.29	0.35	0.46	0.57	0.68	0.83	1.68		
(¾×¾)	AISI 430	0.28	0.34	0.45	0.55	0.66	0.81	1.05		
20×20	AISI 304	0.31	0.37	0.49	0.60	0.71	0.88	1.14		
	AISI 430	0.30	0.36	0.47	0.58	0.69	0.85	1.11		
22×22	AISI 304	0.34	0.41	0.54	0.66	0.79	0.97	1.27		
	AISI 430	0.33	0.39	0.52	0.65	0.77	0.95	1.23		
25.4×25.4	AISI 304		0.47	0.62	0.77	0.92	1.14	1.48		
(1×1)	AISI 430		0.46	0.60	0.75	0.89	1.10	1.44		
30×30	AISI 304		0.56	0.74	0.92	1.09	1.35	1.77		
	AISI 430		0.54	0.72	0.89	1.06	1.32	1.72		
31.8×31.8	AISI 304		0.59	0.78	0.98	1.16	1.44	1.89		
(1¼×1¼)	AISI 430		0.57	0.76	0.95	1.13	1.40	1.83		
38×38	AISI 304			0.94	1.18	1.40	1.74	2.29		
(1½×1½)	AISI 430			0.92	1.14	1.36	1.69	2.22		
40×40	AISI 304				1.24	1.48	1.83	2.41	2.97	
	AISI 430				1.20	1.43	1.78	2.34	2.89	
46×46	AISI 304				1.43	1.70	2.12	2.79	3.45	4.09
	AISI 430				1.38	1.65	2.05	2.71	3.35	3.97
50×50	AISI 304				1.86	2.31	3.04	3.77	4.47	
(2×2)	AISI 430				1.80	2.24	2.96	3.66	4.34	
60×60	AISI 304					2.24	2.78	3.68	4.56	5.42
	AISI 430					2.17	2.70	3.57	4.43	5.27
62.5×62.5	AISI 304					2.33	2.90	3.84	4.76	5.66
(2½×2½)	AISI 430					2.26	2.82	3.73	4.62	5.50
67.5×67.5	AISI 304							4.15	5.15	6.14
(2⅔×2⅔)	AISI 430							4.03	5.00	5.96
70×70	AISI 304							4.31	5.35	6.37
	AISI 430							4.19	5.20	6.19
72.5×72.5	AISI 304							4.47	5.55	6.61
(2¾×2¾)	AISI 430							4.34	5.39	6.42
80×80	AISI 304							4.95	6.14	7.33
	AISI 430							4.80	5.97	7.11

注：表中括号内尺寸以 in 为单位。

边长（mm）	型号	壁厚 （mm）								
		0.5	0.6	0.8	1.0	1.2	1.5	2.0	2.5	3.0
		kg/m	kg/m	kg/m	kg/m	kg/m	kg/m	kg/m	kg/m	kg/m
20×10	AISI 304	0.23	0.27	0.36	0.44	0.52				
	AISI 430	0.22	0.26	0.35	0.43	0.51				
22×10	AISI 304	0.24	0.29	0.38	0.47	0.56	0.69			
	AISI 430	0.24	0.28	0.37	0.46	0.55	0.67			
25×13 (1×½)	AISI 304	0.29	0.35	0.46	0.57	0.68	0.83	1.08		
	AISI 430	0.28	0.34	0.45	0.55	0.66	0.81	1.05		
31.8×15.9 (1¼×⅝)	AISI 304	0.37	0.44	0.58	0.72	0.86	1.06	1.38		
	AISI 430	0.36	0.43	0.57	0.70	0.84	1.03	1.34		
38.1×25.4 (1½×1)	AISI 304			0.78	0.97	1.16	1.44	1.89		
	AISI 430			0.76	0.95	1.13	1.40	1.83		
40×20	AISI 304			0.74	0.92	1.09	1.35	1.77		
	AISI 430			0.72	0.89	1.06	1.32	1.72		
50×25 (2×1)	AISI 304			0.93	1.16	1.38	1.71	2.25	2.77	
	AISI 430			0.90	1.12	1.34	1.66	2.19	2.69	
60×30	AISI 304				1.39	1.67	2.07	2.73	3.37	
	AISI 430				1.35	1.62	2.01	2.65	3.27	
75×40	AISI 304						2.66	3.52	4.36	
	AISI 430						2.59	3.42	4.23	
75×45	AISI 304					2.24	2.78	3.68	4.56	
	AISI 430					2.17	2.70	3.57	4.43	
80×35	AISI 304						2.66	3.52	4.36	
	AISI 430						2.59	3.42	4.23	
80×40	AISI 304					2.24	2.78	3.68	4.56	
	AISI 430					2.17	2.70	3.57	4.43	
90×25	AISI 304						2.66	3.52	4.36	
	AISI 430						2.59	3.42	4.23	
90×45	AISI 304						3.14	4.15	5.15	
	AISI 430						3.05	4.03	5.00	
100×25 (4×1)	AISI 304						2.90	3.84	4.76	5.66
	AISI 430						2.82	3.73	4.62	5.50
100×45	AISI 304						3.38	4.47	5.55	6.61
	AISI 430						3.28	4.34	5.39	6.42

注：表中括号内尺寸以 in 为单位。

表 A-12　铝合金门、窗中每平方米铝合金型材用量

序号	材料名称	规格型号	单位	每平方米铝合金型材综合重量
1	白铝单扇地弹门	950×2075	m²	含铝量 8.008kg
2	白铝带亮单扇地弹门	950×2675	m²	7.70kg
3	白铝双扇地弹门	1750×2075	m²	7.14kg
4	白铝带亮双扇地弹门	1750×2675	m²	6.68kg
5	白铝单扇平开门	750×2100	m²	6.04kg
6	白铝带亮单扇平开门	750×2600	m²	5.62kg
7	白铝双扇推拉窗	1450×1450	m²	6.71kg
8	白铝双扇平开窗	1150×1150	m²	6.00kg
9	白铝带亮双扇平开窗	1150×1550	m²	5.45kg
10	白铝带顶窗双扇平开窗	1150×1550	m²	6.15kg
11	白铝固定窗（38 系列）	1150×1450	m²	3.37kg
12	白铝固定窗	1450×1800	m²	5.33kg
13	古铝单扇地弹门	950×2075	m²	8.008kg
14	古铝带亮单扇地弹门	950×2675	m²	7.70kg
15	古铝双扇地弹门	1750×2075	m²	含铝量 7.14kg
16	古铝带亮双扇地弹门	1750×2675	m²	6.68kg
17	古铝单扇平开门	750×2100	m²	6.04kg
18	古铝带亮单扇平开门	750×2600	m²	5.62kg
19	古铝双扇推拉窗	1450×1450	m²	6.71kg
20	古铝双扇平开窗	1150×1150	m²	6.00kg
21	古铝带亮双扇平开窗	1150×1550	m²	5.45kg
22	古铝带顶窗双扇平开窗	1150×1550	m²	6.15kg
23	古铝固定窗（38 系列）	1150×1450	m²	3.37kg
24	古铝固定窗	1450×1800	m²	5.33kg

表 A-13　铝合金异型材断面形式

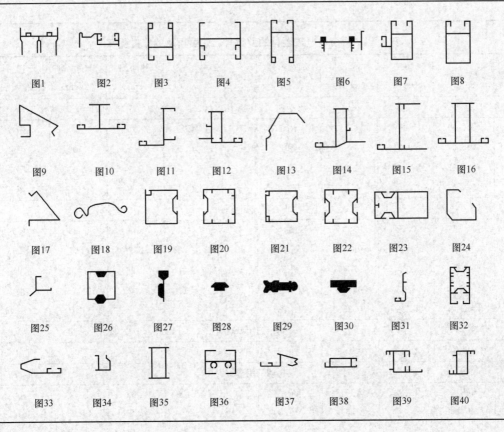

图1　图2　图3　图4　图5　图6　图7　图8

图9　图10　图11　图12　图13　图14　图15　图16

图17　图18　图19　图20　图21　图22　图23　图24

图25　图26　图27　图28　图29　图30　图31　图32

图33　图34　图35　图36　图37　图38　图39　图40

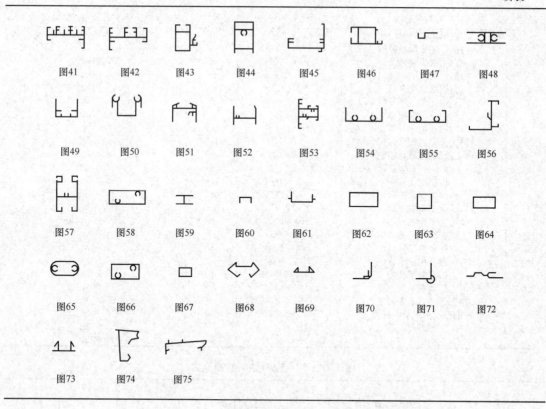

表 A-14　铝合金建筑型材的型材号、截面积及单位重量表

序号	型材号	截面积（cm²）	单位重量（kg/m）	示意图号（表 A-13）	序号	型材号	截面积（cm²）	单位重量（kg/m）	示意图号（表 A-13）
推拉门、推拉窗用型材									
1	J×C-01	4.9	1.32	图1	5	J×C-5	4.01	1.084	图5
1	J×C-02	3.3	0.89	图2	6	J×C-6	3.9	1.02	图6
3	J×C-03	3.11	0.84	图3	7	J×C-7	3.9	1.05	图7
4	J×C-04	3.02	0.81	图4	8	J×C-8	3.8	1.007	图8
平开门窗用型材									
1	J×C-10	0.72	0.194	图9	6	J×C-19	1.96	0.53	图14
2	J×C-11	2.695	0.727	图10	7	J×C-20	1.526	0.41	图15
3	J×C-12	2.1	0.567	图11	8	J×C-21	2.26	0.608	图16
4	J×C-13	3.05	0.824	图12	9	J×C-22	0.47	0.126	图17
5	J×C-14	1.33	0.359	图13					
卷帘门用型材									
1	J×C-103	2.34	0.655	图18					
自动门用型材									
1	J×C-107	4.488	1.21	图19	3	J×C-109	5.68	1.53	图21
2	J×C-108	4.96	1.34	图20	4	J×C-110	4.475	1.208	图22

序号	型材号	截面积 （cm²）	单位重量 （kg/m）	示意图号 （表 A-13）	序号	型材号	截面积 （cm²）	单位重量 （kg/m）	示意图号 （表 A-13）
自动门用型材									
5	J×C-111	1.98	2.16	图23	10	J×C-116	0.59	0.16	图28
6	J×C-112	3.4	2.35	图24	11	J×C-117	0.08	2.45	图29
7	J×C-113	2.7	0.729	图25	12	J×C-118	4.73	1.28	图30
8	J×C-114	3.3	0.918	图26	13	J×C-119	1.21	0.33	图31
9	J×C-115	4.77	1.33	图27	14	J×C-120	4.8	1.35	图32
橱窗用型材									
1	J×C-43	1.53	0.413	图33	4	J×C-40	2.83	0.763	图36
2	J×C-72	0.53	0.144	图34	5	J×C-41	1.35	0.315	图37
3	J×C-74	2.07	0.56	图35					
其他门窗用型材									
1	J×C-69	1.7	0.459	图38	14	J×C-85	2.48	0.669	图50
2	J×C-48	3.766	1.02	图39	15	J×C-86	1.37	1.99	图51
3	J×C-49	2.659	0.718	图40	16	J×C-87	5.73	1.55	图52
4	J×C-33	5.77	1.56	图41	17	J×C-88	3.97	1.31	图53
5	J×C-34	3.34	1.04	图42	18	J×C-89	4.2	1.19	图54
6	J×C-35	3.125	0.84	图43	19	J×C-90	3.8	1.07	图55
7	J×C-37	2.52	0.68	图44	20	J×C-91	2.2	0.57	图56
8	J×C-38	3.47	0.94	图45	21	J×C-92	3.2	0.86	图57
9	J×C-39	3.46	0.933	图46	22	J×C-83	6.2	1.76	图58
10	J×C-40	2.83	0.763	图36	23	J×C-23	0.83	0.22	图59
11	J×C-73	0.652	1.76	图47	24	J×C-24	0.73	0.2	图60
12	J×C-83	2.73	0.738	图48	25	J×C-99	3.24	0.875	图61
13	J×C-84	4.99	1.347	图49					
楼梯栏杆用型材									
1	J×C-44	4.64	1.25	图62	5	J×C-51	2.48	0.67	图66
2	J×C-45	2.46	0.66	图63	6	J×C-68	0.869	0.235	图67
3	J×C-46	1.82	0.491	图64	7	J×C-70	3.185	0.86	图68
4	J×C-50	1.8	0.486	图65	8	J×C-71	1.019	0.275	图69
护墙板、装饰板用型材									
1	J×C-74	2.07	0.56	图35	5	J×C-98	0.6	0.63	图72
2	J×C-71	1.019	0.275	图69	6	J×C-100	0.69	0.186	图73
3	J×C-96	0.81	0.22	图70	7	J×C-101	2.33	0.63	图74
4	J×C-97	0.81	0.22	图71	8	J×C-102	2.03	0.55	图75

3. 铜材规格、重量表（表 A-15～表 A-18）

表 A-15　紫铜板及黄铜板规格、重量表

厚度(mm)	理论重量(kg/m²) 紫铜板	黄铜板	厚度(mm)	理论重量(kg/m²) 紫铜板	黄铜板	厚度(mm)	理论重量(kg/m²) 紫铜板	黄铜板	厚度(mm)	理论重量(kg/m²) 紫铜板	黄铜板
0.05	0.44	0.43	0.55	4.90	4.68	1.80	16.02	15.30	10.00	89.00	85.00
0.06	0.53	0.51	0.60	5.34	5.10	2.00	17.80	17.00	11.00	97.90	93.50
0.07	0.62	0.60	0.65	5.79	5.53	2.25	20.03	19.13	12.00	106.80	102.00
0.08	0.71	0.68	0.70	6.23	5.95	2.50	22.25	21.25	13.00	115.70	110.50
0.09	0.80	0.77	0.75	6.68	6.38	2.75	24.48	23.38	14.00	124.60	119.00
0.10	0.89	0.85	0.80	7.12	6.80	3.00	26.70	25.50	15.00	133.50	127.50
0.12	1.07	1.02	0.85	7.57	7.23	3.50	31.15	29.75	16.00	142.40	136.00
0.15	1.34	1.28	0.90	8.01	7.65	4.00	35.60	34.00	17.00	151.30	144.50
0.18	1.60	1.53	1.00	8.90	8.50	4.50	40.05	38.20	18.00	160.20	153.00
0.20	1.78	1.70	1.10	9.79	9.35	5.00	44.50	42.50	19.00	169.10	161.50
0.22	1.96	1.87	1.20	10.68	10.20	5.50	48.95	46.75	20.00	178.00	170.00
0.25	2.23	2.13	1.30	11.57	11.05	6.00	53.40	51.00	21.00	186.90	178.50
0.30	2.67	2.55	1.35	12.02	11.48	6.50	57.85	55.25	22.00	195.80	187.00
0.35	3.12	2.98	1.40	12.46	11.90	7.00	62.30	59.50	23.00	204.70	195.50
0.40	3.56	3.40	1.50	13.35	12.75	7.50	66.75	63.75	24.00	213.60	204.00
0.45	4.01	3.83	1.60	14.24	13.60	8.00	71.20	68.00	25.00	222.50	212.50
0.50	4.45	4.25	1.65	14.69	14.03	9.00	80.10	76.50	26.00	231.40	221.00

表 A-16　紫铜棒规格、重量表

直径(mm)	断面积(mm²) 圆形	方形	六角形	理论重量(kg/m) 圆形	方形	六角形	直径(mm)	断面积(mm²) 圆形	方形	六角形	理论重量(kg/m) 圆形	方形	六角形
5	19.6	25.0	21.7	0.17	0.23	0.19	27	—	729.0	631.0	—	6.49	5.62
5.5	23.8	30.3	26.2	0.21	0.27	0.23	28	615.8	—	—	5.48	—	—
6	28.3	36.0	31.2	0.25	0.32	0.28	30	706.9	900.0	779.0	6.29	8.01	6.94
7	38.5	49.0	42.4	0.34	0.44	0.38	32	—	1024.0	887.0	—	9.11	7.54
8	50.3	64.0	55.4	0.45	0.57	0.49	35	962.1	—	—	8.56	—	—
9	63.6	81.0	70.2	0.57	0.72	0.62	36	—	1296.0	1122.0	—	11.53	9.99
10	78.5	100.0	86.6	0.70	0.89	0.77	40	1256.6	—	—	11.18	—	—
11	95.0	121.0	104.8	0.85	1.08	0.93	45	1590.4	—	—	14.16	—	—
12	113.1	144.0	124.7	1.01	1.28	1.11	50	1963.5	—	—	17.48	—	—
14	153.9	196.0	169.7	1.37	1.74	1.51	55	2375.8	—	—	21.15	—	—
16	201.1	—	—	1.79	—	—	60	2827.9	—	—	25.16	—	—
17	—	289.0	250.3	—	2.57	2.23	70	3848.5	—	—	34.25	—	—
18	254.5	—	—	2.27	—	—	80	5026.6	—	—	44.74	—	—
19	—	361.0	312.6	—	3.21	2.78	90	6361.7	—	—	56.60	—	—
20	314.2	—	—	2.80	—	—	100	7854.0	—	—	69.85	—	—
22	380.1	484.0	419.1	3.38	4.31	3.74	110	9503.3	—	—	84.57	—	—
24	—	576.0	498.8	—	5.13	4.44	120	11309.7	—	—	100.66	—	—
25	490.9	—	—	4.37	—	—							

注：70 以内为拉制品，70 以上为挤制品。

表 A-17　黄铜棒规格、重量表

直径 (mm)	断面积（mm²）			理论重量（kg/m）			直径 (mm)	断面积（mm²）			理论重量（kg/m）		
	圆形	方形	六角形	圆形	方形	六角形		圆形	方形	六角形	圆形	方形	六角形
5	19.6	25.0	21.7	0.17	0.21	0.18	27	572.6	729.0	631.0	4.87	6.20	5.36
5.5	23.8	30.3	26.2	0.20	0.26	0.22	28	615.8	—	—	5.23	—	—
6	28.3	36.0	31.2	0.24	0.31	0.27	30	706.9	900.0	779.0	6.01	7.65	6.62
6.5	33.2	42.3	36.6	0.28	0.36	0.31	32	804.2	1024.0	887.0	6.84	8.70	7.54
7	38.5	49.0	42.4	0.33	0.42	0.36	35	962.1	—	—	8.18	—	—
7.5	44.2	—	—	0.38	—	—	36	1017.9	1296.0	1122.0	8.65	11.02	9.54
8	50.3	64.0	55.4	0.43	0.54	0.47	38	1134.1	—	—	9.64	—	—
8.5	56.7	—	—	0.48	—	—	40	1256.6	—	—	10.68	—	—
9	63.6	81.0	70.2	0.54	0.69	0.60	45	1590.4	—	—	13.52	—	—
9.5	70.9	—	—	0.60	—	—	50	1963.5	—	—	16.69	—	—
10	78.5	100.0	86.6	0.67	0.85	0.74	55	2375.8	—	—	20.19	—	—
11	95.0	121.0	104.8	0.81	1.03	0.89	60	2827.4	—	—	24.03	—	—
12	113.1	144.0	124.7	0.96	1.22	1.06	65	3318.3	4225.0	3659.0	28.21	35.91	31.10
13	132.7	169.0	145.4	1.13	1.44	1.26	70	3848.5	4900.0	4243.0	32.71	41.65	36.07
14	153.9	196.0	169.7	1.31	1.67	1.44	75	4417.9	5625.0	4871.0	37.55	47.81	41.40
15	176.7	—	—	1.50	—	—	80	5026.6	6400.0	5542.0	42.73	54.40	47.11
16	201.1	—	—	1.71	—	—	85	5674.5	—	—	48.23	—	—
17	227.0	289.0	250.3	1.93	2.46	2.13	90	6361.7	—	—	45.07	—	—
18	254.5	—	—	2.16	—	—	95	7088.2	—	—	60.25	—	—
19	283.5	361.0	312.6	2.41	3.07	2.66	100	7854.0	—	—	66.76	—	—
20	314.2	—	—	2.67	—	—	110	9503.3	—	—	80.78	—	—
21	346.4	—	—	2.94	—	—	120	1131.0	—	—	96.13	—	—
22	380.1	484.0	419.1	3.23	4.11	3.56	130	1327.3	—	—	112.82	—	—
23	415.3	—	—	3.53	—	—	140	1539.4	—	—	130.85	—	—
24	452.4	576.0	498.8	3.85	4.90	4.24	150	1767.2	—	—	150.21	—	—
25	490.9	—	—	4.17	—	—	160	2010.6	—	—	170.90	—	—

注：70 以内为拉制品，70 以上为挤制品。

表 A-18　铝青铜棒规格、重量表

直径 (mm)	断面积 (mm²)	理论重量 (kg/m)	直径 (mm)	断面积 (mm²)	理论重量 (kg/m)	直径 (mm)	断面积 (mm²)	理论重量 (kg/m)
5.0	19.6	0.149	17	227.0	1.765	45	1590.4	12.09
5.5	23.8	0.181	18	254.5	1.934	48	1809.6	13.75
6.0	28.3	0.215	19	283.5	2.155	50	1963.5	14.92
6.5	33.2	0.252	20	314.2	2.388	55	2375.8	18.06
7.0	38.5	0.293	21	346.4	2.633	60	2827.4	21.49
7.5	44.2	0.336	22	380.1	2.889	65	3318.3	25.22
8.0	50.3	0.382	24	452.4	3.438	70	3848.5	29.25
8.5	56.7	0.430	25	490.9	3.731	75	4437.9	33.73
9.0	63.6	0.483	27	572.6	4.352	80	5026.6	38.20
9.5	70.9	0.539	28	615.8	4.680	85	5674.5	43.13
10.0	78.5	0.579	30	706.9	5.372	90	6359.5	48.35
11	95.0	0.722	32	804.2	6.112	95	7088.2	53.87
12	113.1	0.860	35	962.1	7.312	100	7854.0	59.69
13	132.7	1.009	36	1017.6	7.736	110	9503.3	72.23
14	153.9	1.170	38	1134.1	8.619	120	11309.7	85.95
15	176.7	1.342	40	1256.6	9.550			
16	201.1	1.528	42	1385.4	10.53			

4. 塑料管材、板材的规格、重量表（表 A-19～表 A-21）

表 A-19　塑　料　硬　管

公称直径（m）	外径×壁厚（mm）	每米重量（kg/m²）	公称直径（m）	外径×壁厚（mm）	每米重量（kg/m²）
1/2″	22×2	0.16	2″	63×4.5	1.17
1/2″	22×2.5	0.19	2″	63×7	1.74
3/4″	25×2	0.20	2½″	83×5.3	1.88
3/4″	25×3	0.29	3″	89×6.5	2.53
1″	32×3	0.38	3½″	102×6.5	2.73
1″	32×4	0.49	4″	114×7	3.30
1¼″	40×3.5	0.58	5″	140×8	4.64
1¼″	40×5	0.77	6″	166×8	5.60
1½″	51×4	0.88	8″	218×10	7.50
1½″	51×6	1.49			

表 A-20 塑 料 软 管

内径×壁厚（mm）	每千米重量（kg）	内径×壁厚（mm）	每千米重量（kg）
1×0.3	2.5	8×0.5	25
1.5×0.3	3.32	9×0.5	28.6
2×0.3	3.84	10×0.6	33.3
2.5×0.3	4.16	12×0.6	40
3×0.3	5	14×0.7	50
3.5×0.3	8.33	16×0.8	71.5
4×0.5	11.1	20×1	91
4.5×0.5	13.7	25×1	125.1
5×0.5	15.4	30×1.3	132
6×0.5	16.7	34×1.3	200
7×0.5	20		

表 A-21 塑 料 硬 板

规格（mm）	重量（kg/m²）	规格（mm）	重量（kg/m²）	规格（mm）	重量（kg/m²）
2	2.96	7	10.04	14	20.70
2.5	3.70	7.5	11.10	15	22.20
3	4.44	8	11.84	16	23.70
3.5	5.18	8.5	12.60	17	25.20
4	5.92	9	13.30	18	26.60
4.5	6.66	9.5	14.10	19	28.10
5	7.40	10	14.80	20	29.60
5.5	8.14	11	16.30	25	34.83
6	8.88	12	17.80	28	41.40
6.5	9.62	13	19.20	30	44.40

5. 其他材料规格、重量表（表 A-22）

表 A-22 其 他 材 料

名　　称	重量（kg/m²）
木丝板	400～500
软木板	250
刨花板	600
胶合三夹板（杨木）	1.9
胶合三夹板（椴木）	2.2
胶合三夹板（水曲柳）	2.8
胶合五夹板（杨木）	3.0
胶合五夹板（椴木）	3.4
胶合五夹板（水曲柳）	3.9

附录 B 《建设工程工程量清单计价规范》 (GB 50500—2013)(摘要)

1. 总 则

1.0.1 为规范建设工程造价计价行为,统一建设工程计价文件的编制原则和计价方法,根据《中华人民共和国建筑法》、《中华人民共和国合同法》、《中华人民共和国招标投标法》等法律法规,制定《建设工程工程量清单计价规范》(GB 50500—2013)。

1.0.2 《建设工程工程量清单计价规范》(GB 50500—2013)适用于建设工程发承包及实施阶段的计价活动。

1.0.3 建设工程发承包及实施阶段的工程造价应由分部分项工程费、措施项目费、其他项目费、规费和税金组成。

1.0.4 招标工程量清单、招标控制价、投标报价、工程计量、合同价款调整、合同价款结算与支付以及工程造价鉴定等工程造价文件的编制与核对,应由具有专业资格的工程造价人员承担。

1.0.5 承担工程造价文件的编制与核对的工程造价人员及其所在单位,应对工程造价文件的质量负责。

1.0.6 建设工程发承包及实施阶段的计价活动应遵循客观、公正、公平的原则。

1.0.7 建设工程发承包及实施阶段的计价活动,除应符合《建设工程工程量清单计价规范》(GB 50500—2013)外,尚应符合国家现行有关标准的规定。

2. 术 语

2.0.1 工程量清单 bills of quantities (BQ)

载明建设工程分部分项工程项目、措施项目、其他项目的名称和相应数量以及规费、税金项目等内容的明细清单。

2.0.2 招标工程量清单 BQ for tendering

招标人依据国家标准、招标文件、设计文件以及施工现场实际情况编制的,随招标文件发布供投标报价的工程量清单,包括其说明和表格。

2.0.3 已标价工程量清单 priced BQ

构成合同文件组成部分的投标文件中已标明价格,经算术性错误修正(如有)且承包人已确认的工程量清单,包括其说明和表格。

2.0.4 分部分项工程 work sections and trades

分部工程是单项或单位工程的组成部分，是按结构部位、路段长度及施工特点或施工任务将单项或单位工程划分为若干分部的工程；分项工程是分部工程的组成部分，是按不同施工方法、材料、工序及路段长度等将分部工程划分为若干个分项或项目的工程。

2.0.5　措施项目　preliminaries

为完成工程项目施工，发生于该工程施工准备和施工过程中的技术、生活、安全、环境保护等方面的项目。

2.0.6　项目编码　item code

分部分项工程和措施项目清单名称的阿拉伯数字标识。

2.0.7　项目特征　item description

构成分部分项工程项目、措施项目自身价值的本质特征。

2.0.8　综合单价　all-in unit rate

完成一个规定清单项目所需的人工费、材料和工程设备费、施工机械使用费和企业管理费、利润以及一定范围内的风险费用。

2.0.9　风险费用　risk allowance

隐含于已标价工程量清单综合单价中，用于化解发承包双方在工程合同中约定内容和范围内的市场价格波动风险的费用。

2.0.10　工程成本　construction cost

承包人为实施合同工程并达到质量标准，在确保安全施工的前提下，必须消耗或使用的人工、材料、工程设备、施工机械台班及其管理等方面发生的费用和按规定缴纳的规费和税金。

2.0.11　单价合同　unit rate contract

发承包双方约定以工程量清单及其综合单价进行合同价款计算、调整和确认的建设工程施工合同。

2.0.12　总价合同　lump sum contract

发承包双方约定以施工图及其预算和有关条件进行合同价款计算、调整和确认的建设工程施工合同。

2.0.13　成本加酬金合同　cost plus contract

发承包双方约定以施工工程成本再加合同约定酬金进行合同价款计算、调整和确认的建设工程施工合同。

2.0.14　工程造价信息　guidance cost information

工程造价管理机构根据调查和测算发布的建设工程人工、材料、工程设备、施工机械台班的价格信息，以及各类工程的造价指数、指标。

2.0.15　工程造价指数　construction cost index

反映一定时期的工程造价相对于某一固定时期的工程造价变化程度的比值或比率。包括按单位或单项工程划分的造价指数，按工程造价构成要素划分的人工、材料、机械等价格指数。

2.0.16　工程变更　variation order

合同工程实施过程中由发包人提出或由承包人提出经发包人批准的合同工程任何一项工作的增、减、取消或施工工艺、顺序、时间的改变；设计图纸的修改；施工条件的改变；招标工程量清单的错、漏从而引起合同条件的改变或工程量的增减变化。

2.0.17 工程量偏差 discrepancy in BQ quantity

承包人按照合同工程的图纸（含经发包人批准由承包人提供的图纸）实施，按照现行国家计量规范规定的工程量计算规则计算得到的完成合同工程项目应予计量的工程量与相应的招标工程量清单项目列出的工程量之间出现的量差。

2.0.18 暂列金额 provisional sum

招标人在工程量清单中暂定并包括在合同价款中的一笔款项。用于工程合同签订时尚未确定或者不可预见的所需材料、工程设备、服务的采购，施工中可能发生的工程变更、合同约定调整因素出现时的合同价款调整以及发生的索赔、现场签证确认等的费用。

2.0.19 暂估价 prime cost sum

招标人在工程量清单中提供的用于支付必然发生但暂时不能确定价格的材料、工程设备的单价以及专业工程的金额。

2.0.20 计日工 dayworks

在施工过程中，承包人完成发包人提出的工程合同范围以外的零星项目或工作，按合同中约定的单价计价的一种方式。

2.0.21 总承包服务费 main contractor's attendance

总承包人为配合协调发包人进行的专业工程发包，对发包人自行采购的材料、工程设备等进行保管以及施工现场管理、竣工资料汇总整理等服务所需的费用。

2.0.22 安全文明施工费 health, safety and environmental provisions

在合同履行过程中，承包人按照国家法律、法规、标准等规定，为保证安全施工、文明施工，保护现场内外环境和搭拆临时设施等所采用的措施而发生的费用。

2.0.23 索赔 claim

在工程合同履行过程中，合同当事人一方因非己方的原因遭受损失，按合同约定或法律法规规定应由对方承担责任，从而向对方提出补偿的要求。

2.0.24 现场签证 site instruction

发包人现场代表（或其授权的监理人、工程造价咨询人）与承包人现场代表就施工过程中涉及的责任事件所作的签认证明。

2.0.25 提前竣工（赶工）费 early completion (acceleration) cost

承包人应发包人的要求而采取加快工程进度措施，使合同工程工期缩短，由此产生的应由发包人支付的费用。

2.0.26 误期赔偿费 delay damages

承包人未按照合同工程的计划进度施工，导致实际工期超过合同工期（包括经发包人批准的延长工期），承包人应向发包人赔偿损失的费用。

2.0.27 不可抗力 force majeure

发承包双方在工程合同签订时不能预见的，对其发生的后果不能避免，并且不能克服的自然灾害和社会性突发事件。

2.0.28 工程设备 engineering facility

指构成或计划构成永久工程一部分的机电设备、金属结构设备、仪器装置及其他类似的设备和装置。

2.0.29 缺陷责任期 defect liability period

指承包人对已交付使用的合同工程承担合同约定的缺陷修复责任的期限。

2.0.30 质量保证金 retention money

发承包双方在工程合同中约定，从应付合同价款中预留，用以保证承包人在缺陷责任期内履行缺陷修复义务的金额。

2.0.31 费用 fee

承包人为履行合同所发生或将要发生的所有合理开支，包括管理费和应分摊的其他费用，但不包括利润。

2.0.32 利润 profit

承包人完成合同工程获得的盈利。

2.0.33 企业定额 corporate rate

施工企业根据本企业的施工技术、机械装备和管理水平而编制的人工、材料和施工机械台班等的消耗标准。

2.0.34 规费 statutory fee

根据国家法律、法规规定，由省级政府或省级有关权力部门规定施工企业必须缴纳的，应计入建筑安装工程造价的费用。

2.0.35 税金 tax

国家税法规定的应计入建筑安装工程造价内的营业税、城市维护建设税、教育费附加和地方教育附加。

2.0.36 发包人 employer

具有工程发包主体资格和支付工程价款能力的当事人以及取得该当事人资格的合法继承人，《建设工程工程量清单计价规范》（GB 50500—2013）有时又称招标人。

2.0.37 承包人 contractor

被发包人接受的具有工程施工承包主体资格的当事人以及取得该当事人资格的合法继承人，《建设工程工程量清单计价规范》（GB 50500—2013）有时又称投标人。

2.0.38 工程造价咨询人 cost engineering consultant（quantity surveyor）

取得工程造价咨询资质等级证书，接受委托从事建设工程造价咨询活动的当事人以及取得该当事人资格的合法继承人。

2.0.39 造价工程师 cost engineer（quantity surveyor）

取得造价工程师注册证书，在一个单位注册、从事建设工程造价活动的专业人员。

2.0.40 造价员 cost engineering technician

取得全国建设工程造价员资格证书，在一个单位注册、从事建设工程造价活动的专业人员。

2.0.41 单价项目 unit rate project

工程量清单中以单价计价的项目，即根据合同工程图纸（含设计变更）和相关工程现行国家计量规范规定的工程量计算规则进行计量，与已标价工程量清单相应综合单价进行价款计算的项目。

2.0.42 总价项目 lump sum project

工程量清单中以总价计价的项目，即此类项目在相关工程现行国家计量规范中无工程量计算规则，以总价（或计算基础乘费率）计算的项目。

2.0.43 工程计量 measurement of quantities

发承包双方根据合同约定，对承包人完成合同工程的数量进行的计算和确认。

2.0.44 工程结算 final account

发承包双方根据合同约定，对合同工程在实施中、终止时、已完工后进行的合同价款计算、调整和确认。包括期中结算、终止结算、竣工结算。

2.0.45 招标控制价 tender sum limit

招标人根据国家或省级、行业建设主管部门颁发的有关计价依据和办法，以及拟定的招标文件和招标工程量清单，结合工程具体情况编制的招标工程的最高投标限价。

2.0.46 投标价 tender sum

投标人投标时响应招标文件要求所报出的对已标价工程量清单汇总后标明的总价。

2.0.47 签约合同价（合同价款） contract sum

发承包双方在工程合同中约定的工程造价，即包括了分部分项工程费、措施项目费、其他项目费、规费和税金的合同总金额。

2.0.48 预付款 advance payment

在开工前，发包人按照合同约定，预先支付给承包人用于购买合同工程施工所需的材料、工程设备，以及组织施工机械和人员进场等的款项。

2.0.49 进度款 Interim payment

在合同工程施工过程中，发包人按照合同约定对付款周期内承包人完成的合同价款给予支付的款项，也是合同价款期中结算支付。

2.0.50 合同价款调整 adjustment in contract sum

在合同价款调整因素出现后，发承包双方根据合同约定，对合同价款进行变动的提出、计算和确认。

2.0.51 竣工结算价 final account at completion

发承包双方依据国家有关法律、法规和标准规定，按照合同约定确定的，包括在履行合同过程中按合同约定进行的合同价款调整，是承包人按合同约定完成了全部承包工作后，发包人应付给承包人的合同总金额。

2.0.52 工程造价鉴定 construction cost verification

工程造价咨询人接受人民法院、仲裁机关委托，对施工合同纠纷案件中的工程造价争议，运用专门知识进行鉴别、判断和评定，并提供鉴定意见的活动。也称为工程造价司法鉴定。

3. 一般规定

3.1 计价方式

3.1.1 使用国有资金投资的建设工程发承包，必须采用工程量清单计价。

3.1.2 非国有资金投资的建设工程，宜采用工程量清单计价。

3.1.3 不采用工程量清单计价的建设工程，应执行《建设工程工程量清单计价规范》（GB 50500—2013）除工程量清单等专门性规定外的其他规定。

3.1.4 工程量清单应采用综合单价计价。

3.1.5 措施项目中的安全文明施工费必须按国家或省级、行业建设主管部门的规定计算，不得作为竞争性费用。

3.1.6 规费和税金必须按国家或省级、行业建设主管部门的规定计算，不得作为竞争性费用。

3.2 发包人提供材料和工程设备

3.2.1 发包人提供的材料和工程设备（以下简称甲供材料）应在招标文件中按照《建设工程工程量清单计价规范》（GB 50500—2013）的规定填写《发包人提供材料和工程设备一览表》，写明甲供材料的名称、规格、数量、单价、交货方式、交货地点等。

承包人投标时，甲供材料单价应计入相应项目的综合单价中，签约后，发包人应按合同约定扣除甲供材料款，不予支付。

3.2.2 承包人应根据合同工程进度计划的安排，向发包人提交甲供材料交货的日期计划。发包人应按计划提供。

3.2.3 发包人提供的甲供材料如规格、数量或质量不符合合同要求，或由于发包人原因发生交货日期延误、交货地点及交货方式变更等情况的，发包人应承担由此增加的费用和（或）工期延误，并应向承包人支付合理利润。

3.2.4 发承包双方对甲供材料的数量发生争议不能达成一致的，应按照相关工程的计价定额同类项目规定的材料消耗量计算。

3.2.5 若发包人要求承包人采购已在招标文件中确定为甲供材料的，材料价格应由发承包双方根据市场调查确定，并应另行签订补充协议。

3.3 承包人提供材料和工程设备

3.3.1 除合同约定的发包人提供的甲供材料外，合同工程所需的材料和工程设备应由承包人提供，承包人提供的材料和工程设备均应由承包人负责采购、运输和保管。

3.3.2 承包人应按合同约定将采购材料和工程设备的供货人及品种、规格、数量和供货时间等提交发包人确认，并负责提供材料和工程设备的质量证明文件，满足合同约定的质量标准。

3.3.3 对承包人提供的材料和工程设备经检测不符合合同约定的质量标准，发包人应立即要求承包人更换，由此增加的费用和（或）工期延误应由承包人承担。对发包人要求检测承包人已具有合格证明的材料、工程设备，但经检测证明该项材料、工程设备符合合同约定的质量标准，发包人应承担由此增加的费用和（或）工期延误，并向承包人支付合理利润。

3.4 计价风险

3.4.1 建设工程发承包，必须在招标文件、合同中明确计价中的风险内容及其范围，不得采用无限风险、所有风险或类似语句规定计价中的风险内容及范围。

3.4.2 由于下列因素出现，影响合同价款调整的，应由发包人承担：

（1）国家法律、法规、规章和政策发生变化；

（2）省级或行业建设主管部门发布的人工费调整，但承包人对人工费或人工单价的报价高于发布的除外；

（3）由政府定价或政府指导价管理的原材料等价格进行了调整。

因承包人原因导致工期延误的，应按《建设工程工程量清单计价规范》（GB 50500—2013）的规定执行。

1）招标工程以投标截止日前28天、非招标工程以合同签订前28天为基准日，其后因国家的法律、法规、规章和政策发生变化引起工程造价增减变化的，发承包双方应按照省级或行业建设主管部门或其授权的工程造价管理机构据此发布的规定调整合同价款。

2）因承包人原因导致工期延误的，按 1）条规定的调整时间，在合同工程原定竣工时间之后，合同价款调增的不予调整，合同价款调减的予以调整。

3）发生合同工程工期延误的，应按照下列规定确定合同履行期的价格调整：

① 因非承包人原因导致工期延误的，计划进度日期后续工程的价格，应采用计划进度日期与实际进度日期两者的较高者。

② 因承包人原因导致工期延误的，计划进度日期后续工程的价格，应采用计划进度日期与实际进度日期两者的较低者。

3.4.3 由于市场物价波动影响合同价款的，应由发承包双方合理分摊，按《建设工程工程量清单计价规范》（GB 50500—2013）填写《承包人提供主要材料和工程设备一览表》作为合同附件；当合同中没有约定，发承包双方发生争议时，应按《建设工程工程量清单计价规范》（GB 50500—2013）的规定调整合同价款。

（1）合同履行期间，因人工、材料、工程设备、机械台班价格波动影响合同价款时，应根据合同约定，按《建设工程工程量清单计价规范》（GB 50500—2013）附录 A 的方法之一调整合同价款。

（2）承包人采购材料和工程设备的，应在合同中约定主要材料、工程设备价格变化的范围或幅度；当没有约定，且材料、工程设备单价变化超过 5% 时，超过部分的价格应按照本规范附录 A 的方法计算调整材料、工程设备费。

（3）发生合同工程工期延误的，应按照下列规定确定合同履行期的价格调整：

1）因非承包人原因导致工期延误的，计划进度日期后续工程的价格，应采用计划进度日期与实际进度日期两者的较高者。

2）因承包人原因导致工期延误的，计划进度日期后续工程的价格，应采用计划进度日期与实际进度日期两者的较低者。

3.4.4 由于承包人使用机械设备、施工技术以及组织管理水平等自身原因造成施工费用增加的，应由承包人全部承担。

3.4.5 当不可抗力发生，影响合同价款时，应按《建设工程工程量清单计价规范》（GB 50500—2013）的规定执行。

（1）因不可抗力事件导致的人员伤亡、财产损失及其费用增加，发承包双方应按下列原则分别承担并调整合同价款和工期：

1）合同工程本身的损害、因工程损害导致第三方人员伤亡和财产损失以及运至施工场地用于施工的材料和待安装的设备的损害，应由发包人承担；

2）发包人、承包人人员伤亡应由其所在单位负责，并应承担相应费用；

3）承包人的施工机械设备损坏及停工损失，应由承包人承担；

4）停工期间，承包人应发包人要求留在施工场地的必要的管理人员及保卫人员的费用应由发包人承担；

5）工程所需清理、修复费用，应由发包人承担。

（2）不可抗力解除后复工的，若不能按期竣工，应合理延长工期。发包人要求赶工的，赶工费用应由发包人承担。

（3）因不可抗力解除合同的，应按《建设工程工程量清单计价规范》（GB 50500—2013）的规定办理。

由于不可抗力致使合同无法履行解除合同的，发包人应向承包人支付合同解除之日前已完成工程但尚未支付的合同价款，此外，还应支付下列金额：

1）招标人应依据相关工程的工期定额合理计算工期，压缩的工期天数不得超过定额工期的 20％，超过者，应在招标文件中明示增加赶工费用；

2）已实施或部分实施的措施项目应付价款；

3）承包人为合同工程合理订购且已交付的材料和工程设备货款；

4）承包人撤离现场所需的合理费用，包括员工遣送费和临时工程拆除、施工设备运离现场的费用；

5）承包人为完成合同工程而预期开支的任何合理费用，且该项费用未包括在本款其他各项支付之内。

发承包双方办理结算合同价款时，应扣除合同解除之日前发包人应向承包人收回的价款。当发包人应扣除的金额超过了应支付的金额，承包人应在合同解除后的 56 天内将其差额退还给发包人。

4. 工程量清单编制

4.1 一般规定

4.1.1 招标工程量清单应由具有编制能力的招标人或受其委托、具有相应资质的工程造价咨询人编制。

4.1.2 招标工程量清单必须作为招标文件的组成部分，其准确性和完整性应由招标人负责。

4.1.3 招标工程量清单是工程量清单计价的基础，应作为编制招标控制价、投标报价、计算或调整工程量、索赔等的依据之一。

4.1.4 招标工程量清单应以单位（项）工程为单位编制，应由分部分项工程项目清单、措施项目清单、其他项目清单、规费和税金项目清单组成。

4.1.5 编制招标工程量清单应依据：

（1）《建设工程工程量清单计价规范》（GB 50500—2013）和相关工程的国家计量规范；

（2）国家或省级、行业建设主管部门颁发的计价定额和办法；

（3）建设工程设计文件及相关资料；

（4）与建设工程有关的标准、规范、技术资料；

（5）拟定的招标文件；

（6）施工现场情况、地勘水文资料、工程特点及常规施工方案；

（7）其他相关资料。

4.2 分部分项工程项目

4.2.1 分部分项工程项目清单必须载明项目编码、项目名称、项目特征、计量单位和工程量。

4.2.2 分部分项工程项目清单必须根据相关工程现行国家计量规范规定的项目编码、项目名称、项目特征、计量单位和工程量计算规则进行编制。

4.3 措施项目

4.3.1 措施项目清单必须根据相关工程现行国家计量规范的规定编制。

4.3.2 措施项目清单应根据拟建工程的实际情况列项。

4.4 其他项目

4.4.1 其他项目清单应按照下列内容列项：

(1) 暂列金额；

(2) 暂估价，包括材料暂估单价、工程设备暂估单价、专业工程暂估价；

(3) 计日工；

(4) 总承包服务费。

4.4.2 暂列金额应根据工程特点按有关计价规定估算。

4.4.3 暂估价中的材料、工程设备暂估单价应根据工程造价信息或参照市场价格估算，列出明细表；专业工程暂估价应分不同专业，按有关计价规定估算，列出明细表。

4.4.4 计日工应列出项目名称、计量单位和暂估数量。

4.4.5 总承包服务费应列出服务项目及其内容等。

4.4.6 出现第4.4.1条未列的项目，应根据工程实际情况补充。

4.5 规费

4.5.1 规费项目清单应按照下列内容列项：

(1) 社会保险费：包括养老保险费、失业保险费、医疗保险费、工伤保险费、生育保险费；

(2) 住房公积金；

(3) 工程排污费。

4.5.2 出现第4.5.1条未列的项目，应根据省级政府或省级有关部门的规定列项。

4.6 税金

4.6.1 税金项目清单应包括下列内容：

(1) 营业税；

(2) 城市维护建设税；

(3) 教育费附加；

(4) 地方教育附加。

4.6.2 出现第4.6.1条未列的项目，应根据税务部门的规定列项。

5. 工程计价表格

5.0.1 工程计价表宜采用统一格式。各省、自治区、直辖市建设行政主管部门和行业建设主管部门可根据本地区、本行业的实际情况，在《建设工程工程量清单计价规范》（GB 50500—2013）附录B至附录L计价表格的基础上补充完善。

5.0.2 工程计价表格的设置应满足工程计价的需要，方便使用。

5.0.3 工程量清单的编制应符合下列规定：

(1) 工程量清单编制使用表格包括：封—1、扉—1、表—01、表—08、表—11、表—12（不含表—12—6～表—12—8）、表—13、表—20、表—21或表—22。

(2) 扉页应按规定的内容填写、签字、盖章，由造价员编制的工程量清单应有负责审核的造价工程师签字、盖章。受委托编制的工程量清单，应有造价工程师签字、盖章以及工程造价咨询人盖章。

（3）总说明应按下列内容填写：

1）工程概况：建设规模、工程特征、计划工期、施工现场实际情况、自然地理条件、环境保护要求等。

2）工程招标和专业工程发包范围。

3）工程量清单编制依据。

4）工程质量、材料、施工等的特殊要求。

5）其他需要说明的问题。

5.0.4 招标控制价、投标报价、竣工结算的编制应符合下列规定：

（1）使用表格：

1）招标控制价使用表格包括：封—2、扉—2、表—01、表—02、表—03、表—04、表—08、表—09、表—11、表—12（不含表—12—6～表—12—8）、表—13、表—20、表—21或表—22。

2）投标报价使用的表格包括：封—3、扉—3、表—01、表—02、表—03、表—04、表—08、表—09、表—11、表—12（不含表—12—6～表—12—8）、表—13、表—16、招标文件提供的表—20、表—21或表—22。

3）竣工结算使用的表格包括：封—4、扉—4、表—01、表—05、表—06、表—07、表—08、表—09、表—10、表—11、表—12、表—13、表—14、表—15、表—16、表—17、表—18、表—19、表—20、表—21或表—22。

（2）扉页应按规定的内容填写、签字、盖章，除承包人自行编制的投标报价和竣工结算外，受委托编制的招标控制价、投标报价、竣工结算，由造价员编制的应有负责审核的造价工程师签字、盖章以及工程造价咨询人盖章。

（3）总说明应按下列内容填写：

1）工程概况：建设规模、工程特征、计划工期、合同工期、实际工期、施工现场及变化情况、施工组织设计的特点、自然地理条件、环境保护要求等。

2）编制依据等。

5.0.5 工程造价鉴定应符合下列规定：

（1）工程造价鉴定使用表格包括：封—5、扉—5、表—01、表—05～表—20、表—21或表—22。

（2）扉页应按规定内容填写、签字、盖章，应有承担鉴定和负责审核的注册造价工程师签字、盖执业专用章。

（3）说明应按《建设工程工程量清单计价规范》（GB 50500—2013）的规定填写。

1）鉴定项目委托人名称、委托鉴定的内容；

2）委托鉴定的证据材料；

3）鉴定的依据及使用的专业技术手段；

4）对鉴定过程的说明；

5）明确的鉴定结论；

6）其他需说明的事宜。

5.0.6 投标人应按招标文件的要求，附工程量清单综合单价分析表。

招标工程量清单封面

_____**工程**

招标工程量清单

招　标　人：_____

（单位盖章）

造价咨询人：_____

（单位盖章）

年　　月　　日

招标控制价封面

_____**工程**

招标控制价

招　标　人：_____

（单位盖章）

造价咨询人：_____

（单位盖章）

年　　月　　日

投标总价封面

_____**工程**

投标总价

招 标 人：_____
（单位盖章）

年　　月　　日

封—3

竣工结算书封面

_____**工程**

竣工结算书

发 包 人：_____
（单位盖章）

承 包 人：_____
（单位盖章）

造价咨询人：_____
（单位盖章）

年　　月　　日

封—4

工程造价鉴定意见书封面

_____**工程**

编号：×××〔2×××〕××号

工程造价鉴定意见书

造价咨询人：_____
（单位盖章）

年　　月　　日

招标工程量清单扉页

_____**工程**

招标工程量清单

招　标　人：_____
（单位盖章）

造价咨询人：_____
（单位盖章）

法定代表人
或其授权人：_____
（签字或盖章）

法定代表人
或其授权人：_____
（签字或盖章）

编　制　人：_____
（造价工程师签字盖专用章）

复　核　人：_____
（造价人员签字盖专用章）

编制时间：　年　月　日

复核时间：　年　月　日

招标控制价扉页

_____工程

招标控制价

招标控制价（小写）_____

　　　　　　（大写）_____

招　标　人：_____　　　　造价咨询人：_____
　　　　　　（单位盖章）　　　　　　　　　　　　　（单位资质专用章）

法定代表人　　　　　　　　　　　　　法定代表人
或其授权人：_____　　　　或其授权人：_____
　　　　　　（签字或盖章）　　　　　　　　　　　　（签字或盖章）

编　制　人：_____　　　　复　核　人：_____
　　　　　（造价人员签字盖专用章）　　　　　　　　（造价工程师签字盖专用章）

编 制 时 间：　年　月　日　　　　　　复 核 时 间：　年　月　日

扉—2

投标总价扉页

投标总价

投　标　人：_____

工 程 名 称：_____

投标总价（小写）：_____

　　　　（大写）：_____

投　标　人：_____
　　　　　　（单位盖章）

法 定 代 表 人
或 其 授 权 人：_____
　　　　　　　（签字或盖章）

编　制　人：_____
　　　　　（造价人员签字盖专用章）

时　　　　间：　年　月　日

扉—3

竣工结算总价扉页

_____工程

竣 工 结 算 总 价

签约合同价（小写）：_____ （大写）：_____

竣工结算价（小写）：_____ （大写）：_____

发 包 人：_____
（单位盖章）

承 包 人：_____
（单位盖章）

造价咨询人：_____
（单位资质专用章）

法定代表人
或其授权人：_____
（签字或盖章）

法定代表人
或其授权人：_____
（签字或盖章）

法定代表人
或其授权人：_____
（签字或盖章）

编 制 人：_____
（造价人员签字盖专用章）

核 对 人：_____
（造价工程师签字盖专用章）

编制时间：　　年　　月　　日　　　　　　　核对时间：　　年　　月　　日

扉—4

工程造价鉴定意见书扉页

<table>
<tr><td colspan="2" align="right">_____**工程**</td></tr>
<tr><td colspan="2" align="center">**工程造价鉴定意见书**</td></tr>
<tr><td colspan="2">鉴定结论：</td></tr>
<tr><td colspan="2">造价咨询人：_____</td></tr>
<tr><td colspan="2">（盖单位章及资质专用章）</td></tr>
<tr><td colspan="2">法定代表人：_____</td></tr>
<tr><td colspan="2">（签字或盖章）</td></tr>
<tr><td colspan="2">造价工程师：_____</td></tr>
<tr><td colspan="2">（签字盖专用章）</td></tr>
<tr><td colspan="2" align="center">年　　月　　日</td></tr>
</table>

扉—5

总　说　明

工程名称：　　　　　　　　　　　　　　　　　　　　　　第　页　共　页

表—01

201

建设项目招标控制价/投标报价汇总表

工程名称：

序号	单项工程名称	金额（元）	其中：（元）		
			暂估价	安全文明施工费	规费
	合计				

注：本表适用于建设项目招标控制价或投标报价的汇总。

表—02

单项工程招标控制价/投标报价汇总表

工程名称：

序号	单项工程名称	金额（元）	其中：（元）		
			暂估价	安全文明施工费	规费
	合计				

注：本表适用于单项工程招标控制价或投标报价的汇总。暂估价包括分部分项工程中的暂估价和专业工程暂估价。

表—03

单位工程招标控制价/投标报价汇总表

工程名称：　　　　　　　　　　　　　标段：　　　　　　　　　　　第　页　共　页

序号	汇总内容	金额（元）	其中：暂估价（元）
1	分部分项工程		
1.1			
1.2			
1.3			
1.4			
1.5			
2	措施项目		—
2.1	其中：安全文明施工费		—
3	其他项目		—
3.1	其中：暂列金额		—
3.2	其中：专业工程暂估价		—
3.3	其中：计日工		—
3.4	其中：总承包服务费		—
4	规费		—
5	税金		—
招标控制价合计＝1＋2＋3＋4＋5			

注：本表适用于单位工程招标控制价或投标报价的汇总，如无单位工程划分，单项工程也使用本表汇总。

表—04

建设项目竣工结算汇总表

工程名称：　　　　　　　　　　　　　　　　　　　　　　　第　页　共　页

序号	单项工程名称	金额（元）	其中：（元）	
			安全文明施工费	规费
合计				

表—05

单项工程竣工结算汇总表

工程名称：　　　　　　　　　　　　　　　　　　　　　　　　第 页 共 页

序号	单项工程名称	金额（元）	其中：（元）	
			安全文明施工费	规费
合计				

表—06

单位工程竣工结算汇总表

工程名称：　　　　　　　　　标段：　　　　　　　　　　　第 页 共 页

序号	汇总内容	金额（元）
1	分部分项工程	
1.1		
1.2		
1.3		
1.4		
1.5		
2	措施项目	
2.1	其中：安全文明施工费	
3	其他项目	
3.1	其中：专业工程结算价	
3.2	其中：计日工	
3.3	其中：总承包服务费	
3.4	其中：索赔与现场签证	
4	规费	
5	税金	
	竣工结算总价合计＝1＋2＋3＋4＋5	

注：如无单位工程划分，单项工程也使用本表汇总。

表—07

204

分部分项工程和单价措施项目清单与计价表

工程名称：　　　　　　　　　　标段：　　　　　　　　第 页 共 页

序号	项目编码	项目名称	项目特征描述	计算单位	工程量	金额（元）			
						综合单价	合价	其中	
								暂估价	
本页小计									
合计									

注：为记取规费等的使用，可在表中增设其中："定额人工费"。

表—08

综合单价分析表

工程名称：　　　　　　　　　　标段：　　　　　　　　第 页 共 页

项目编码		项目名称		计量单位		工程量	
综合单价组成明细							

定额编号	定额名称	定额单位	数量	单价				合价			
				人工费	材料费	机械费	管理费和利润	人工费	材料费	机械费	管理费和利润
人工单价			小计								
元/工日			未计价材料费								
清单项目综合单价											

材料费明细	主要材料名称、规格、型号	单位	数量	单价（元）	合价（元）	暂估单价（元）	暂估合价（元）
	其他材料费			—		—	
	材料费小计			—		—	

注：1. 如不使用省级或行业建设主管部门发布的计价依据，可不填定额编号、名称等。

　　2. 招标文件提供了暂估单价的材料，按暂估的单价填入表内"暂估单价"栏及"暂估合价"栏。

表—09

综合单价调整表

序号	项目编码	项目名称	已标价清单综合单价（元）					调整后综合单价（元）				
			综合单价	其中				综合单价	其中			
				人工费	材料费	机械费	管理费和利润		人工费	材料费	机械费	管理费和利润

造价工程师（签章）：　　　　发包人代表（签章）：　　　造价人员（签章）：　　　　　　承包人代表（签章）：

日期：　　　　　　　　　　　　　　　　　　　　　　日期：

注：综合单价调整应附调整依据。

表—10

总价措施项目清单与计价表

序号	项目编码	项目名称	计算基础	费率（%）	金额（元）	调整费率（%）	调整后金额（元）	备注
		安全文明施工费						
		夜间施工增加费						
		二次搬运费						
		冬雨季施工增加费						
		已完工程及设备保护						
		合计						

编制人（造价人员）：　　　　　　　　　　　　　　　　复核人（造价工程师）：

注：1. "计算基础"中安全文明施工费可为"定额基价"、"定额人工费"或"定额人工费＋定额机械费"，其他项目可为"定额人工费"或"定额人工费＋定额机械费"。

2. 按施工方案计算的措施费，若无"计算基础"和"费率"的数值，也可只填"金额"数值，但应在备注栏说明施工方案出处或计算方法。

表—11

其他项目清单与计价汇总表

工程名称：   标段：

序号	项目名称	金额（元）	结算金额（元）	备注
1	暂列金额			明细详见表—12—1
2	暂估价			
2.1	材料（工程设备）暂估价/结算价			明细详见表—12—2
2.2	专业工程暂估价/结算价			明细详见表—12—3
3	计日工			明细详见表—12—4
4	总承包服务费			明细详见表—12—5
5	索赔与现场签证			明细详见表—12—6
合计				—

注：材料（工程设备）暂估单价进入清单项目综合单价，此处不汇总。

表—12

暂列金额明细表

工程名称：   标段：

序号	项目名称	计量单位	暂定金额（元）	备注
1				
2				
3				
4				
5				
6				
7				
合计				—

注：此表由招标人填写，如不能详列，也可只列暂定金额总额，投标人应将上述暂列金额计入投标总价中。

表—12—1

材料（工程设备）暂估单价及调整表

工程名称：   标段：   第　页　共　页

序号	材料（工程设备）名称、规格、型号	计量单位	数量		暂估（元）		确认（元）		差额±（元）		备注
			暂估	确认	单价	合价	单价	合价	单价	合价	
合计											

注：此表由招标人填写"暂估单价"，并在备注栏说明暂估价的材料、工程设备拟用在哪些清单项目上，投标人应将上述材料，工程设备暂估单价计入工程量清单综合单价报价中。

表—12—2

专业工程暂估价及结算价表

工程名称：   标段：   第　页　共　页

序号	工程名称	工程内容	暂估金额（元）	结算金额（元）	差额±（元）	备注
合计						

注：此表"暂估金额"由招标人填写，投标人应将"暂估金额"计入投标总价中。结算时按合同约定结算金额填写。

表—12—3

计日工表

工程名称：　　　　　　　　　　　标段：　　　　　　　　　　第 页 共 页

编号	项目名称	单位	暂定数量	实际数量	综合单价（元）	合价（元）	
						暂定	实际
一	人工						
1							
2							
人工小计							
二	材料						
1							
2							
材料小计							
三	施工机械						
1							
2							
施工机械小计							
四、企业管理费和利润							
总计							

注：此表项目名称、暂定数量由招标人填写，编制招标控制价时，单价由招标人按有关计价规定确定；投标时，单价由投标人自主报价，按暂定数量计算合价计入投标总价中。结算时，按承包双方确认的实际数量计算合价。

表—12—4

总承包服务费计价表

工程名称：　　　　　　　　　　　标段：　　　　　　　　　　第 页 共 页

序号	工程名称	项目价值（元）	服务内容	计算基础	费率（%）	金额（元）
1	发包人发包专业工程					
2	发包人提供材料					
合计		—			—	

注：此表项目名称，服务内容由招标人填写，编制招标控制价时，费率及金额由招标人按有关计价规定确定；投标时，费率及金额由投标人自主报价，计入投标总价。

表—12—5

索赔与现场签证计价汇总表

工程名称：   标段：   第 页 共 页

序号	签证及索赔项目名称	计量单位	数量	单价（元）	合价（元）	索赔及签证依据
—	本页小计	—	—	—		—
—	合计	—	—	—		—

注：签证及索赔依据是指经双方认可的签证单和索赔依据的编号。

表—12—6

费用索赔申请（核准）表

工程名称：   标段：   编号：

致：_____（发包人全称）
　　根据施工合同条款第_____条的约定，由于_____原因，我方要求索赔金额（大写）_____元，（小写）_____元，请予核准。

附：1. 费用索赔的详细理由和依据：

　　2. 索赔金额的计算：

　　3. 证明材料：

承包人（章）

造价人员_____　　　　　　　包人代表_____　　　　　　　日　期_____

复核意见： 　　根据施工合同条款第_____条的约定，你方提出的费用索赔申请经复核： 　　□不同意此项索赔，具体意见见附件。 　　□同意此项索赔，索赔金额的计算，由造价工程师复核。 <div style="text-align:right">监理工程师_____ 日　期_____</div>	复核意见： 　　根据施工合同条款第_____条的约定，你方提出的费用索赔申请经复核，索赔金额为（大写）_____元，（小写）_____元。 <div style="text-align:right">造价工程师_____ 日　期_____</div>

审核意见：

　　□不同意此项索赔。

　　□同意此项索赔，与本期进度款同期支付。

发包人（章）
发包人代表_____
日　期_____

注：1. 在选择栏中的"□"内作标志"√"；

　　2. 本表一式四份，由承包人填报，发包人、监理人、造价咨询人、承包人各存一份。

表—12—7

210

现场签证表

工程名称：　　　　　　　　　　　　标段：　　　　　　　　　　编号：

施工单位		日期	

致_____（发包人全称）

　　根据_____（指令人姓名）___年___月___日的口头指令或你方_____（或监理人）___年___月___日的书面通知，我方要求完成此项工作应支付价款金额为（大写）_____元，（小写）_____元，请予核准。

附：1. 签证事由及原因：

　　2. 附图及计算式：

承包人（章）

　　造价人员_____　　　　包人代表_____　　　　　　　　　　　日　期_____

复核意见：	复核意见：
你方提出的此项签证申请经复核：	□此项签证按承包人中标的计日工单价计算，金额为（大写）_____元，（小写）_____元。
□不同意此项签证，具体意见见附件。	
□同意此项签证，签证金额的计算，由造价工程师复核。	□此项签证因无计日工单价，金额为（大写）_____元，（小写）_____元。
监理工程师_____	造价工程师_____
日　期_____	日　期_____

审核意见：

　　□不同意此项签证。

　　□同意此项签证，价款与本期进度款同期支付。

发包人（章）
发包人代表_____
日　期_____

注：1. 在选择栏中的"□"内作标志"√"；

　　2. 本表一式四份，由承包人在收到发包人（监理人）的口头或书面通知后填写，发包人、监理人、造价咨询人、承包人各存一份。

表—12—8

规费、税金项目计价表

工程名称：   标段：   第 页 共 页

序号	项目名称	计算基础	计算基数	计算费率（%）	金额（元）
1	规费	定额人工费			
1.1	社会保险费	定额人工费			
(1)	养老保险费	定额人工费			
(2)	失业保险费	定额人工费			
(3)	医疗保险费	定额人工费			
(4)	工伤保险费	定额人工费			
(5)	生育保险费	定额人工费			
1.2	住房公积金	定额人工费			
1.3	工程排污费	按工程所在地环境保护部门收取标准，按实计入			
2	税金	分部分项工程费＋措施项目费＋其他项目费＋规费－按规定不计税的工程设备金额			
合计					

编制人（造价人员）：   复核人（造价工程师）：

表—13

工程计量申请（核准）表

工程名称：   标段：   第 页 共 页

序号	项目编码	项目名称	计量单位	承包人申报数量	发包人核实数量	发承包人确认数量	备　注

承包人代表：　　　　　　监理工程师：　　　　　　造价工程师：　　　　　　发包代表人：

日期：　　　　　　　　　日期：　　　　　　　　　日期：　　　　　　　　　日期：

表—14

预付款支付申请（核准）表

工程名称：　　　　　　　　　标段：　　　　　　　　　编号：

致：＿＿＿＿＿＿＿＿＿＿＿＿＿＿＿＿＿＿＿＿＿＿＿＿＿＿＿＿＿＿＿＿＿＿＿＿＿＿（发包人全称）

　　我方根据施工合同的约定，现申请支付工程预付款额为（大写）＿＿＿＿＿＿＿＿＿＿＿＿＿＿＿＿＿

（小写＿＿＿＿＿＿＿＿＿＿＿＿＿＿＿），请予核准。

序号	名称	申请金额（元）	复核金额（元）	备注
1	已签约合同价款金额			
2	其中：安全文明施工费			
3	应支付的预付款			
4	应支付的安全文明施工费			
5	合计应支付的预付款			

承包人（章）

造价人员＿＿＿＿＿＿　承包人代表＿＿＿＿＿＿　　　　　　　　日　　期＿＿＿＿＿＿

复核意见： □与合同约定不相符，修改意见见附件。 □与合同约定相符，具体金额由造价工程师复核。 　　　　　　　　监理工程师＿＿＿＿＿＿ 　　　　　　　　日　　期＿＿＿＿＿＿	复核意见： 　　你方提出的支付申请经复核，应支付预付款金额为 （大写）＿＿＿＿＿＿＿（小写＿＿＿＿＿＿＿）。 　　　　　　　　　　　　造价工程师＿＿＿＿＿＿ 　　　　　　　　　　　　日　　期＿＿＿＿＿＿

审核意见：
□不同意。
□同意，支付时间为本表签发后的15天内。

发包人（章）
发包人代表＿＿＿＿＿＿
日　　期＿＿＿＿＿＿

注：1. 在选择栏中的"□"内作标识"√"。
　　2. 本表一式四份，由承包人填报，发包人、监理人、造价咨询人、承包人各存一份。

表—15

总价项目进度款支付分解表

工程名称：　　　　　　　　　标段：　　　　　　　　　单位：元

序号	项目名称	总价金额	首次支付	二次支付	三次支付	四次支付	五次支付	
	安全文明施工费							
	夜间施工增加费							
	二次搬运费							
	社会保险费							
	住房公积金							
	合计							

编制人（造价人员）：　　　　　　　　　　　　　　复核人（造价工程师）：

注：1. 本表应由承包人在投标报价时根据发包人在招标文件明确的进度款支付周期与报价填写，签订合同时，发承
　　　包双方可就支付分解协商调整后作为合同附件。
　　2. 单价合同使用本表，"支付"栏时间应与单价项目进度款支付周期相同。
　　3. 总价合同使用本表，"支付"栏时间应与约定的工程计量周期相同。

表—16

进度款支付申请（核准）表

工程名称： 　　　　　　　　 标段： 　　　　　　　　 编号：

致：_____（发包人全称）

我方于_____至_____期间已完成了_____工作，根据施工合同的约定，现申请支付本周期的合同价款为（大写）_____，（小写）_____，请予核准。

序号	名　称	实际金额（元）	申请金额（元）	复核金额（元）	备　注
1	累计已完成的合同价款				
2	累计已实际支付的合同价款				
3	本周期合计完成的合同价款				
3.1	本周期已完成单价项目的金额				
3.2	本周期应支付的总价项目的金额				
3.3	本周期已完成的计日工价款				
3.4	本周期应支付的安全文明施工费				
3.5	本周期应增加的合同价款				
4	本周期合计应扣减的金额				
4.1	本周期应抵扣的预付款				
4.2	本周期应扣减的金额				
5	本周期应支付的合同价款				

附：上述 3、4 详见附件清单。

承包人（章）

造价人员_____ 承包人代表_____ 日期_____

复核意见： □与实际施工情况不相符，修改意见见附件。 □与实际施工情况相符，具体金额由造价工程师复核。 监理工程师_____ 日　期_____	复核意见： 你方提出的支付申请经复核，本周期已完成合同价款（大写）_____，（小写_____），本期间应支付金额为（大写）_____，（小写_____）。 造价工程师_____ 日　期_____

审核意见：
　　□不同意。
　　□同意，支付时间为本表签发后的 15 天内。

发包人（章）
发包人代表_____
日　期_____

注：1. 在选择栏中的"□"内作标识"√"。
　　2. 本表一式四份，由承包人填报，发包人、监理人、造价咨询人、承包人各存一份。

表—17

214

竣工结算款支付申请（核准）表

工程名称：　　　　　　　　　　标段：　　　　　　　　　　编号：

致：_____（发包人全称）

　　我于_____至_____期间已完成合同约定的工作，工程已经完工，根据施工合同的约定，现申请支付竣工结算合同款额为（大写）_____（小写_____），请予核准。

序号	名　　称	申请金额（元）	复核金额（元）	备　注
1	竣工结算合同价款总额			
2	累计已实际支付的合同价款			
3	应预留的质量保证金			
4	应支付的竣工结算款金额			

承包人（章）

造价人员_____承包人代表_____日期_____

复核意见：
　　□与实际施工情况不相符，修改意见见附件。
　　□与实际施工情况相符，具体金额由造价工程师复核。

监理工程师_____
日　　期_____

复核意见：
　　你方提出的竣工结算款支付申请经复核，竣工结算款总额为（大写）_____，（小写_____），扣除前期支付以及质量保证金后应支付金额为（大写）_____，（小写_____）。

造价工程师_____
日　　期_____

审核意见：
　　□不同意。
　　□同意，支付时间为本表签发后的15天内。

发包人（章）
发包人代表_____
日　　期_____

注：1. 在选择栏中的"□"内作标识"√"。
　　2. 本表一式四份，由承包人填报，发包人、监理人、造价咨询人、承包人各存一份。

表—18

215

最终结清支付申请（核准）表

工程名称：　　　　　　　　　　标段：　　　　　　　　　　编号：

致：＿＿＿＿＿＿＿＿＿＿＿＿（发包人全称）

　　我方于＿＿＿＿＿至＿＿＿＿＿已完成了缺陷修复工作，根据施工合同的约定，现申请支付最终结清合同款额为（大写）＿＿＿＿＿＿（小写＿＿＿＿＿＿），请予核准。

序号	名　称	申请金额（元）	复核金额（元）	备注
1	已预留的质量保证金			
2	应增加因发包人原因造成缺陷的修复金额			
3	应扣减承包人不修复缺陷、发包人组织修复的金额			
4	最终应支付的合同价款			

上述 3、4 详见附件清单

承包人（章）

　　造价人员＿＿＿＿＿＿＿＿承包人代表＿＿＿＿＿＿＿＿日期＿＿＿＿＿＿＿

复核意见：

□与实际施工情况不相符，修改意见见附件。

□与实际施工情况相符，具体金额由造价工程师复核。

监理工程师＿＿＿＿＿＿

日　期＿＿＿＿＿＿

复核意见：

你方提出的支付申请经复核，最终应支付金额为（大写）＿＿＿＿＿＿，（小写＿＿＿＿＿＿）。

造价工程师＿＿＿＿＿＿

日　期＿＿＿＿＿＿

审核意见：

□不同意。

□同意，支付时间为本表签发后的 15 天内。

发包人（章）

发包人代表＿＿＿＿＿＿

日　期＿＿＿＿＿＿

注：1. 在选择栏中的"□"内作标识"√"。如监理人已退场，监理工程师栏可空缺。

　　2. 本表一式四份，由承包人填报，发包人、监理人、造价咨询人、承包人各存一份。

表—19

发包人提供材料和工程设备一览表

工程名称：　　　　　　　　　　　　标段：　　　　　　　　　　第 页 共 页

序号	材料（工程设备）名称、规格、型号	单位	数量	单价（元）	交货方式	送达地点	备 注

注：此表由招标人填写，供投标人在投标报价、确定总承包服务费时参考。

表—20

承包人提供主要材料和工程设备一览表
（适用于造价信息差额调整法）

工程名称：　　　　　　　　　　　　标段：　　　　　　　　　　第 页 共 页

序号	名称、规格、型号	单位	数量	风险系数（%）	基准单价（元）	投标单价（元）	发承包人确认单价（元）	备 注

注：1. 此表由招标人填写除"投标单价"栏的内容，投标人在投标时自主确定投标单价。

2. 招标人应优先采用工程造价管理机构发布的单价作为基准单价，未发布的，通过市场调查确定其基准单价。

表—21

承包人提供主要材料和工程设备一览表

（适用于价格指数差额调整法）

工程名称：　　　　　　　　　　　标段：　　　　　　　　　　　第 页 共 页

序号	名称、规格、型号	变值权重 B	基本价格指数 F_0	现行价格指数 F_t	备 注
	定值权重 A		—	—	
	合计	1	—	—	

注：1. "名称、规格、型号"、"基本价格指数"栏由招标人填写，基本价格指数应首先采用工程造价管理机构发布的价格指数，没有时，可采用发布的价格代替。如人工、机械费也采用本法调整，由招标人在"名称"栏填写。

2. "变值权重"栏由投标人根据该项人工、机械费和材料、工程设备价值在投标总报价中所占的比例填写，1减去其比例为定值权重。

3. "现行价格指数"按约定的付款证书相关周期最后一天的前 42 天的各项价格指数填写，该指数应首先采用工程造价管理机构发布的价格指数，没有时，可采用发布的价格代替。

表—22

参 考 文 献

[1] 中华人民共和国住房和城乡建设部. 全国统一建筑装饰装修工程消耗量定额 GYD—901—2002[S]. 北京：中国计划出版社，2005.

[2] 中华人民共和国建设部. 全国统一建筑工程预算工程量计算规则（土建工程）GJDGZ—101—95[S]. 北京：中国计划出版社，2002.

[3] 中华人民共和国建设部. 全国统一建筑工程基础定额（土建工程）GJD—101—95[S]. 北京：中国计划出版社，2002.

[4] 中华人民共和国住房和城乡建设部. 建筑工程建筑面积计算规范 GB/T 50353—2013[S]. 北京：中国计划出版社，2013.

[5] 中华人民共和国住房和城乡建设部. 建设工程工程量清单计价规范 GB 50500—2013[S]. 北京：中国计划出版社，2013.

[6] 中华人民共和国住房和城乡建设部. 房屋建筑与装饰工程工程量计算规范 GB 50854—2013[S]. 北京：中国计划出版社，2013.

[7] 武育秦. 装饰工程定额与预算[M]. 重庆：重庆大学出版社，2002.

[8] 李建峰. 工程计价与造价管理[M]. 北京：中国电力出版社，2005.

[9] 胡磊. 全国统一建筑装饰装修工程消耗定额应用手册[M]. 北京：中国建筑工业出版社，2003.

[10] 程鸿群. 工程造价管理[M]. 武汉：武汉大学出版社，2004.

[11] 田永复. 编制装饰装修工程量清单与定额[M]. 北京：中国建筑工业出版社，2004.

[12] 梁红宁. 建筑工程造价工作手册[M]. 北京：化学工业出版社，2007.

[13] 迟晓明. 工程造价案例分析[M]. 北京：机械工业出版社，2005.

[14] 李永盛，丁洁民. 建筑装饰工程预算[M]. 上海：同济大学出版社，2000.